你的温柔，必须有点锋芒

张洁　著

中国财富出版社

图书在版编目（CIP）数据

你的温柔，必须有点锋芒／张洁著．—北京：中国财富出版社，2017.9（2018.4 重印）

ISBN 978－7－5047－6589－5

Ⅰ．①你…　Ⅱ．①张…　Ⅲ．①女性—成功心理—通俗读物　Ⅳ．①B848.4－49

中国版本图书馆 CIP 数据核字（2017）第 233293 号

策划编辑 刘　晗　　**责任编辑** 张冬梅　孙铂洋

责任印制 石　雷　　**责任校对** 卓闪闪　胡世勋　　**责任发行** 董　倩

出版发行 中国财富出版社

社　　址 北京市丰台区南四环西路 188 号 5 区 20 楼　　**邮政编码** 100070

电　　话 010－52227588 转 2048/2028（发行部）　010－52227588 转 307（总编室）

010－68589540（读者服务部）　010－52227588 转 305（质检部）

网　　址 http://www.cfpress.com.cn

经　　销 新华书店

印　　刷 北京京都六环印刷厂

书　　号 ISBN 978－7－5047－6589－5/B·0533

开　　本 880mm×1230mm　1/32　　**版　　次** 2018 年 1 月第 1 版

印　　张 8　　**印　　次** 2018 年 4 月第 2 次印刷

字　　数 158 千字　　**定　　价** 35.00 元

序 做一个坚韧的姑娘

有一个姑娘，自幼家境贫寒，考上大学后日日为学费奔波，冬天在校门口卖烤地瓜，夏天在寝室楼下练摊卖报纸杂志。后来，推销员、肯德基售货员、家教……什么都干，她不挑活儿，大小钱都赚，自己又节省，攒下钱买了一辆二手自行车，整日穿梭在校园和城市的大小街角。令人惊奇的是，姑娘还开了个早点摊儿，每天卖豆浆、鸡蛋和烧饼，同时还卖玫琳凯化妆品。我觉得上帝都得被这姑娘逼疯了。

在这个浮华的世界里，她没钱没背景甚至连个安身立命的地方都没有，更拼不起爹妈。她想要的，或许只是你眼中唾手可得的东西；她拼命努力就想多赚一些钱，或许只是你银行卡里的一个零头；她来到这个城市之初，卑微得别人都看不起。但是不要紧，她看得起自己。

其实这个姑娘就是曾经的我，我始终坚信我们每个人心底都有一个神圣的地方，那里承载着我们所有沉甸甸的梦想，强大着我们的内心，也温暖了我们在残酷现实中日渐冰冷的躯体。所以上帝无论将我置于何地，我都没想过要全盘接受，苟且偷安。

可事实上，很多人都不明白这个道理，总是为了生活中的那一点点不可回避的苦难耿耿于怀，自怨自艾，而对那些看似幸运的人儿羡慕嫉妒恨。其实大可不必这样，因为你终将有一天会平心静气地将那些痛苦照单全收，不再眼红他人；你终将会成熟，会强大，会拥抱自己曾经的懦弱与无知。

回想起这一路走来，最好的注解或许就是“苦难”与“执着”。以至于很多年后的今天，无论多大的困难和重击，都无法再让我畏惧与萎靡，为此，我也十分感谢我的母亲。她是一位勤劳且睿智的传统女性，她以她瘦弱的肩膀扛起了那个曾经贫困潦倒的家，在很多次我觉得日子真的过不下去的时候，她总能以一种坚毅且淡定的态度支撑下去。而她的这种力量也传给了我，让我在历经了无数次的失败后，仍斗志昂扬地拼搏奋斗，直到今天能坐在这里，跟你云淡风轻地谈着那些过往。

在这个城市的每个角落，都存在着行色匆匆的人，他们正努力地为生存打拼着。他们可能正在餐馆里忙着为顾客摆碗筷，可能正在打扫店铺等着开门做生意，也可能坐在地铁里耷拉着脑袋补觉呢，还可能因为工作上的失误被领导训斥得哭泣着……他们散落在这个冰冷城市的每个角落里，他们可能此刻很卑微，很不起眼，甚至被人呼来喝去，可那又怎么样！他们比任何人都清醒，都懂得奋斗的意义，正如曾经的我。

姑娘，别再苟且偷安了。你学着舍友赖床，殊不知人家有着可以坐享其成的资本；你学着朋友矫情，殊不知人家唯一的任务就是找个好男人；你学着朋友刷卡，殊不知人家背后有人可以为其源源不断地还卡债。在需要埋头耕种的时候，误入了别人家的果园，就以为自己也会收获整个秋天。

这个世界虽然残酷，但只要你愿意走，总会有路；看不到美好，是因为你根本没有坚持走下去。的确，我们每个人都想要这样的生活，在自己的房子里，每天上网、看电影、睡懒觉，周末喊一帮人聚会，或是拉着三五好友开车旅行，看遍人间的风景。但你要明白，这一切只存在于将来，你现在的努力不过是把这段“将来”拉得更近一些，如果你不努力，那么这一切将永远存在于将来，而将来永远不会来。

目　录

Chapter 1

你一事无成，是你精心布下的局

一切失败，都是你自找的

你写不出让人掏钱的文案，每天工作超过八小时负能量就暴涨，拖延症和懒癌虽已病入膏肓，背地里却能朝气蓬勃地抱怨客户，这就是你的常态吧。所以，我说你的失败是自找的。

20 岁的你读大三，在一所三流的学校里读着自己不喜欢的专业，经常逃课躲在宿舍里打游戏，多门考试不及格，一想到毕业就十分忧虑，却不知道该怎么办。看着有的同学已经获得了工作机会，可你连一份像样的简历都没有。

25 岁的你，毕业已经四年了，依旧一事无成，起初有一份薪水还算不错的工作，但需要经常加班，你觉得女孩子没必要太累，就辞了。第二份工作倒是清闲又安稳，但赚得实在太少了，在这个城市租完房子后就所剩无几了。

30 岁的你，父母让你回老家，考本地的公务员，过上他们眼中安逸、体面的生活，你觉得也挺好，就回去了。可浑浑噩噩学了半年多，也没考上，只能找一家小公司做文员，干起了端茶倒水的工作，会计是老板的小姨子，经常看你不顺眼，同事也是老板的远方亲戚，总把自己的活儿往你那里推。你想辞职，可是却没有豁出去的勇气，毕竟小城市找个工作不容易。

32 岁的你，没有一份好工作，年纪也大了，眼光还挺高，始终没有男朋友。看着身边的闺密一个个结婚生子，住大房子，开好车，一到节日就各种秀恩爱、晒礼物，你羡慕得不得了。你以为她们是凭运气才找到好男人，其实你忽略了她们本身也很优秀，婚姻本就势均力敌。

是的，你活得很失败，你的失败源于你的咎由自取。

你从没想过努力，所以大学四年你学到的知识少得可怜。

你从没想过奋斗，所以任何需要付出汗水的机会你都拒之门外。

你从没想过冒险，所以你只能在安稳乏味的工作环境里混日子。

《华严经》里有一句偈："欲为诸佛龙象，先做众生马牛。"没有人天生愿做牛马，没有人天生就是你羡慕的那个人。你以为的幸运，其实是别人熬了很久才发出的光。

我上初中的时候，同桌是个特别外向的男生。上课的时候和周围的同学一起闲扯、下五子棋，跟老师顶嘴，课堂考试时东抄西抄，下课永远第一时间冲出教室，我几乎看不到他在学习，可奇怪的是，他总是大榜前十名，为此老师总是拿他的聪明说事。而那一年我除了和他下了几本子的五子棋外，成绩下滑了几十名。

现在想来，哪有什么聪明，他不是没努力，只不过没在我们面前努力，而我却傻傻地当真了。

那些成功了的人，不会告诉你他经历了怎样不为人知的黑暗，就像那些所谓的成功学案例，不会告诉你每个行当的背后有多不堪一样。

我们总在羡慕富人的朱轮华毂，诗人的流浪远方，身居高位者的衣锦昼行。殊不知，那些耀眼的光芒背后，隐藏了太多的辛酸与残忍。

这个世界很公平，欲达巅峰，必忍其痛；欲戴王冠，必承其重。要想成功，怎能不有所背负。不妨回想一下，这些年你背负了什么？

从上大学开始你就步步败退，到了工作岗位更是不思进取，你写不出让人掏钱的文案，每天工作超过八小时负能量就暴涨，拖延症和懒癌虽已病入膏肓，背地里却能朝气蓬勃地抱怨客户，这就是你的常态吧。所以，我说你的失败是自找的。

那几年，我的身边有很多不知名的小作者，他们终日为了梦想敲敲打打，删删改改。每天清晨，他们都是第一拨爬上公交车的人，在爆挤的人潮里，在逼仄的角落里，他们因突然出现的灵感而急速地按着手机记录下来，落在你眼中却是不以为意。

虽然今天他们依旧没有名满天下，落笔生花，但他们大多数都进了出版社，成为了编辑，将更好的文字，呈现在这个急需思想与灵魂的世界里。所以，他们已经成功了。

姑娘，这个世界上，有太多人在你所不知道的地方，铆足了劲儿努力。所以你必须睁开双眼，看得仔细，趁着自己醒悟的时候，行动起来，别等悔恨过后，又打开韩剧，点开淘宝，刷刷朋友圈。等到内疚感再次袭来，已经不知今夕是何夕了。

奇迹不过是努力的另一个名字，同样，失败也是懒惰的另一种注解。

人生最大的失败不是跌倒，而是不敢奔跑。你一事无成，是你精心布下的局，你的任性和怯懦，将自己一步步带入了人生的低谷，这么多年都不敢走出来，殊不知只有经历地狱的淬炼，才能拥有冲上云霄的力量。

你不够优秀，因为你不够孤独

每一个优秀的人，都必然有一段沉默的时光。那一段时光，是付出了很多努力，忍受了很多孤独和寂寞，日后说起时，连自己都能被感动的日子。

关于“孤独”这个词，百度解释得很有意思：在中国文字里，孤是王者，独是独一无二，而独一无二的王者必须永远接受孤独，他不需要任何人的认同，更不需要任何人的怜悯，王者绝对可以在很平静的环境下独行。

抛开独特的历史环境，即使是在今天这个说法也是行得通的。你想要爬到足够高的位置上，你就必须承担与之相匹配的孤独。反过来，你也只有足够孤独，才能足够优秀，才能到达让人仰望的位置。

所以，我一直强调，孤独并不是什么坏事，尤其是对于女人来说。

周嘉宁在《一个人住第三年》中写过这样一段话："孤独有时候也并不是件太糟糕的事情，与嘈杂比起来，安静却孤独的生活仿佛还显得更妙一点，或许至少得有那么一段时间，几年的时间，一个人必须要自己生活着，才是对的，否则怎么能够听到自己的节奏。"

是啊，一个人只有听到自己的节奏，才有可能认清一个真实的自己，知道自己想要的是什么，并为之努力，直到达到我们所谓的"优秀"。

一个人可能不容易，但一个人会越来越坚强。没有可以依靠的肩膀，你必然会越来越清醒，越来越强大。

所以说，我们要习惯独处，不要总往人堆里扎。要知道有些女人聚会的场合除了八卦和消费，就很少有其他了，基本三五个女人碰到一起，就可以把商场的折扣活动以及韩剧的各种情节，细数得天衣无缝。

或许你觉得这是每个活在群体里的人的常态，然而你不知道的是，这样合群的结果就是，梦想是你一个人的，而梦想荒芜的结果也是要你一个人来承受的。

只有当一个人真正孤独地面对自己并开始思考时，这个人才开始成熟，也才有可能创造出有价值的东西。所以说，深刻的思考常与彻底的孤独为伴。

记得在大学的选修课上，老师曾放过一个片子《美丽心灵》。这部在豆瓣上评了8.8分的经典励志片，却让下面的学生看得无比漫不经心。有几对情侣在角落里卿卿我我，还有的人三三两两地低声聊天，与这部电影的主题形成了鲜明的对比。

影片讲的是一个倔强、孤独的天才——纳什，在创作出《纳什博弈论》后得了精神分裂症的情况下，经过痛苦的挣扎与努力，最终获得诺贝尔奖的真实故事。诚然，纳什是不幸的，因为他的孤独与执着，与周围格格不入；可是也正因此，他才能沉寂在自己的世界里，完成了至今仍被数学、经济学等领域奉为宝典的《博弈论》。

可见，只有心灵孤寂的孩子，才能把全部的热情集中在一点，才有可能达到真正的优秀。

这是个浮躁的时代，各种励志书籍都在费尽心思地教人如何建立人脉网，怎样说话才能天衣无缝，却鲜少去告诉人们去品味孤独，如何独处。强调行动力本身并没有错，但是没有经过独立思考的行动真的是值得学习的吗？

这个世界就是如此，每个人都希望自己优秀，但似乎每个人都不愿意去品味孤独。殊不知，每一个优秀的人，都必然有一段沉默的时光。那一段时光，是付出了很多努力，忍受了很多孤独和寂寞，日后说起时，连自己都能被感动的日子。

我原来一个人在北京的时候，每到周末就想给自己做一顿好吃的。可是一个人住，很多时候冰箱空了也没注意到，于是只能饥肠辘辘地叫外卖，一般两个菜的价钱才达到起送的条件，于是只能吃完一个菜，留一个菜到晚上吃，或者第二天带到单位当午饭。

下班后回到家，很想说说这一天的委屈和收获，看到有趣的电视节目很想找个人来一起大笑，哪怕是早上起来发现阳光很好，伸个懒腰想聊聊天气，可是突然发现身边连个可以分享的人都没有，于是畅快的呼吸又压下去了。

有时候觉得屋子安静到可怕，为了缓解这种诡异，会打开下载好的电视剧，那时候最常放的就是 TVB（香港无线电视）的《皆大欢喜》，因为足够热闹，300 多集，也足够长。就这样放着也不去看，任凭电视剧的声音萦绕整个房间，好像这样就不止我一个人在家，然后自顾自地收拾屋子，洗澡做饭。

时间久了，就不大喜欢回家，因为家里没有什么是值得期待的。

可是那又怎么样呢？正是在那段孤独的时光里，我完成了第一本书，并为考研做了充足的准备。我承认那段时间很煎熬，那种煎熬是看着外面灯火阑珊一家人围在餐桌前吃饭，我却一个人坐在床上捧着小吃街买来的凉拌面时的失落，可是不熬过来你怎么告别从前的平庸与卑微？你怎么有底气站在一个优秀的男人面前？你怎么有本事让日渐老迈的父母安享晚年？你怎么有能力在职场的厮杀中屹立不倒……那些孤独的岁月，强大到可以改变你的灵魂啊！

孤独之前是迷茫，孤独之后是成长。所以，亲爱的姑娘，你一定要记住，一个人的时候，或许会很糟糕，但也很容易出众。

姑娘，丢掉连续剧吧

你不仅要有家庭，有事业，还要有生活，如果你把你大部分的时间和精力都花在连续剧上面的话，那你的生活注定是空虚、无所作为的。

温昕从结婚后就一直没有再出去工作，丈夫是有着强烈大男子主义的人，他认为让女人出去工作是对自己能力的否定，而温昕本身也不是那种有强烈事业心的女人，对于那种职场上的“你争我夺”实在头疼。

所以，当丈夫向她提出辞职在家的想法时，她只是稍作犹豫，便答应了。能有一个如此体贴的爱人，温昕此时真是开心极了。

从她辞职的第一天起，她便做好了长期赋闲的准备。然而，有些事情并不是一开始就能预料到它的发展趋势的。

第一天早上，她起床买菜做饭，中午丈夫不回来，她把早上吃剩的饭菜又热了一下。接下来是一个漫长的下午，她无所事事，在房间里溜达来溜达去，都快要把鞋底磨破了。以前每天上班都希望赶紧放假，现在真的被放长假了，反而无聊得想要上班了。

她随手打开家里的电视，边溜达边看，二十分钟后，她已经停止了来回溜达的脚步，坐到了沙发上认真地看了起来。等丈夫下午回来的时候，他发现家里一片狼藉，饭没人做，衣服没人洗，沙发前的茶几上放着一堆用过的纸巾，温昕窝在沙发里眼圈和鼻头都是红红的，显然是刚哭过。

对于这样的场景，丈夫感到很奇怪，连忙跑到温昕身边详细询问是否发生了什么事，在确定了没有匪徒光临他家后，他才放心地舒了口气。可是以温昕这种状态再让她去厨房做饭显然是不可能的事了。于是，丈夫带着她到饭馆吃了饭，然后一路散着步回来了。

丈夫以为这次只是个例，但是显然他错了。从那以后，他每天回来都会看见温昕窝在沙发里或悲或喜地看着电视连续剧，有时候根本没发现他已经回来了。对此，刚开始他还能接受，可是时间长了，他的怨气越来越大。

两个人认真地谈了几次，可是收效甚微。最终，他以分居的方式提出了抗议。温昕这才意识到问题的严重性，才恍然发现她已经忽略了太多的事情。

沉迷电视连续剧可谓是大多数女人的通病，尤其是那些热播的韩剧和黄金时间播出的泡沫剧，总能让她们乐此不疲。

在各种“狗血剧”面前，只有少数女人能保持理智，而这部分的“少数”也是相对来说更为成功的，因为她们把更多的时间和精力放在了工作和自己的兴趣上，而非守在 iPad（苹果平板电脑）前虚度，所以才能将事业和生活经营得更精彩、更有意义。

不可否认，电视连续剧对女人的诱惑真的很大。因为在生活中，我们很难有机会去体验那样的欣喜、悲伤、惊险和完美的爱情。我们大多数经历的都是最常见、最朴素的际遇。

在这个日渐漠然麻木的社会，我们大多数人已经失去了对细小事物的感知力，因此，只有不断地加大刺激，才能触动我们麻痹的神经，才能让我们感受到这个世界的精彩，但是很遗憾这些都不是真的，且与现实相悖。

然而，在这种状态下，女人却很容易深陷其中。可是长此以往会怎样呢？男人看腻了你的蓬头垢面，也厌烦了家里的凌乱不堪，你精神上的空虚与无聊更是让他不想与你聊半句话。如此一来，你的婚姻早晚会出现问题，更别提被你搁置的事业了。

一个女人只要没到退休的年纪，都不应该让自己宅在家里，过得懒散舒适，尤其是在 30 岁以前。因为这个时候正是你人生的转折点，你要忙的事情有很多，包括工作、学习，以及经营你的家庭，实在不该沉迷在连续剧里。

所以，姑娘，你得勤快起来了，你要做的事情太多了，绝不能把自己困在一块显示屏面前。如果你现在依旧迷茫不知所措，那不妨从下面的这些事开始先做起来。

1. 培养兴趣

如果你每天都在重复一样的事情，觉得生活中缺少了某些小乐趣，那么，你就该寻找一下新的兴趣了。烘焙、瑜伽、学习新语言都是很不错的选择，我身边的一个姑娘，甚至去学了相扑，并且乐此不疲。

从这些兴趣中获得的成就必定能使你重新感到生活的充实与满足。所以，新的一天，去尝试新鲜事物吧。

2. 看书、听音乐

如果有一天的时间，能够看书、听音乐，就是让内心最舒服的一件事了。

选择阳台的一张躺椅，或是窗边的一个沙发，把喜欢的书摊开一地，看累了就去欣赏外面的风景，真是想想就觉得美好。与此同时，你还可以放一部歌剧，这样既放松了心情，又不会干扰到阅读的专注。

3. 看世界

安排法定假期外出旅行，绝对是让自己重拾生活动力的好方法。因为在这个过程中，你会从不同的视野看待世界，思考人生，你的心智、阅历在不断丰富，从前那些幼稚空洞的思想再也左右不了你了。

所以，我宁愿不买包包，换季不添新衣都要存一些钱去旅行，在我看来那是对忙碌生活的小奖励。

4. 运动起来

如果你没那么多精力进行脑力活动，那么你至少有精力去参加一些体育活动。像跑步、散步、骑自行车和打羽毛球这些有意义的事情都可以做。任何形式的锻炼都可以把你从厌倦与空虚中解救出来。

亲爱的，这个时代对女性的要求，跟从前远不一样。你要走的路还有很长，要做的事情还有很多，你不仅要有家庭，有事业，还要有生活，如果你把你大部分的时间和精力都花在连续剧上面的话，那你的生活注定是空虚、无所作为的。

你所谓的“稳定”，只是饿不死

永远别让自己停滞，人一停滞，坏的事情就要发生了。

永远别活在自以为的“稳定”中，因为无意义的生活与破败的命运，毫无二致。

有一天，你在办公室午睡醒来，照了照镜子，发现过于安逸的日子已经让脸盘大了一圈儿；衣服的拉锁在脸颊处印出的深深的痕迹，不露声色地表明了你到底睡了多久；肤色暗黄，毫无弹性，那是因为你很少护理，从不化妆，因为一办公室的大妈大爷，你不知道化妆给谁看；不到三十岁的你，眼神却异常空洞，你想了想，“明眸善睐”这四个字，似乎离你远去很久了。就这样，原本岁月静好的日子，你突然觉得不快乐。

大学毕业，你不知道前路在何方。你妈妈说公务员好，你就去考公务员。

“铁饭碗”的强劲魅力虽然已逝，但余温还在，依旧吸引了上百万的人投身其中。虽然这其中能顺利过关斩将笑到最后的人只有千分之一甚至是万分之一，但仍不影响你矢志不渝地坚持下去。幸运的是，没怎么努力的你，居然成功了。为这事儿，你妈在街坊邻居间整整宣传了一个月。

你很迷茫，跟你妈说你有好几个同学都去大城市闯荡了。你妈说：那是没办法才去的，你懂什么，稳定好啊。

然而，稳定真的好吗？你有钱去买 Chanel，MiuMiu，Prada 吗？当然，如果你嫁了富豪可以，不过任何人嫁了富豪都可以。可是你并没有那么幸运，你只找到一个和你同样稳定的人，然后继续稳定地过日子。

每天早上 8 点半上班，下午 4 点半下班，中间午休两个小时。工作内容是喝茶、上网、扫地、写材料。你越来越心不在焉，越来越怀疑人生，直到有一天在电视里看到某个平凡人一转身成了作家，成了企业家，成了艺术家，你才恍然大悟：我也有过梦想啊。

朋友圈里的同学，每天都在晒佛罗伦萨，晒巴厘岛，晒马尔代夫，而那些只不过是你和办公室里的老妇女们无聊时的谈资。

有一天，你突然就腻了，你想踮起脚来看看外面的生活。可是你妈问你疯了吗？多少人羡慕的工作你居然不想干了，于是你又动摇了。

你在家门口与大城市之间摇摆不定。其实你根本不知道的是，小城市的安全感和大城市的疏离感，已经牢牢地把你钉死在固有的生活模式中了，此时的你，若没坚定的决心，要想挣脱出来，真的没有那么容易。

所以，你不妨想想究竟是“稳定”本身错了，还是你想错了。

你想要公务员的安逸与稳定，却又向往大城市的生活，于是你一直在挣扎。可就在你挣扎的时候，和你同一批考进的公务员，已经再接再厉无比风光地考入省直单位了。而你，相比当年考进来的时候，只是地扫得干净了些，材料写得顺手了些，年纪更大了一些而已。

唯一剩的安慰是，你的假期比企业员工更多一些，工作的内容更少一些，怀孕可以理所当然地躺在家里，而非挺着肚子跟同事一起拼业绩。

当然，那些选择去大城市打拼的人，也未必比你过得好。他们可能在众多的选择面前，左右徘徊，挑三拣四，最终一事无成；也可能被那里的纸醉金迷，蒙蔽了双眼，丢失了灵魂；还可能溺死在一段坏掉的爱情里，混了几年除了花钱，一无所长。

可是，除了那些，你还必须要看到，在大城市的霓虹灯的虚晃下，还有这样一群闪亮的姑娘，她们用自己的执念，让所有的动荡都灰飞烟灭。

刚到这个城市之初，她们或许是最底层的，住在地下室，每天早出晚归，疯狂地扑在办公桌前写文案，学习前辈们的工作作风，她们没有时间关注自己今天心情好不好，因为现实不容许不好，也不容许松懈。

直到结婚，她们和丈夫总算搬到地面了，但仍在离单位最近的地方租房子住，因为这样可以减少很多时间，可以随时冲到单位开会。她们生完孩子，刚出了月子就又回到岗位上，每日背着奶上班，成为最辛苦的职业女性。

她们像杂草一样在这个城市野蛮生长。她们的拼劲，让她们身边的男人都自愧不如，只能时刻警醒着，与她们并肩作战。

终于有一天，她们的人生好像开挂了。她们终于站到了这个城市的中心，金钱与梦想，她们尽数收入囊中。

就这样，她们成了你在办公室的谈资，成了你在朋友圈羡慕的对象，属于她们的稳定终于来了。

而你呢，还是在去与留之间徘徊，从没想过在你的位子上，也可以坚持你的梦想。比失败更惨烈的是放弃，比放弃更惨烈的是忘记啊。年少时的梦想，如果还能记起，那就去追逐吧。

人生的路有很多条，最佳的选择就是找一条你喜欢的，然后边欣赏风景边前行。要知道所有人都挤到一条路上，并不会让你多有成就感。但如果你别无选择，那就在这条路上，创造出不一样的风景吧。

永远别让自己停滞，人一停滞，坏的事情就要发生了。

永远别活在自以为的“稳定”中，因为无意义的生活与破败的命运，毫无二致。

三十岁之前，为自己定好位

请别辜负从前的青春韶华，也别辜负后来的岁月沧桑。

在穿衣服的时候，如果第一颗纽扣扣错了，那么下面的扣子肯定会跟着扣错。其实人生也是如此，如果我们前进的方向没有选对，那么不管我们未来有多努力，结果也是白费。因为你付出的努力越多，你偏离正确方向就越远。

人总是向往成功，向往富足的生活，尤其是女人，因为只有钱，才能给你安全感。所以，我们必须告别盲目的努力，找到人生的目标，在30岁之前为自己定好位。

社会上有很多女人将近40岁了，仍然在职场上默默无闻，原地踏步，甚至是碌碌无为，时刻面临着被淘汰出局的危险。这样的职业生涯无疑是失败的，因为她们已经没有了年龄的优势，人体的各项机能也处于下降趋势，不可能再有

20 岁时候的热情和魄力，在职场上没有了竞争力，也就等于给自己判了死刑。

所以，我们一定要趁着还没老去之前，给自己立下一个正确的目标，一个精准的定位。这样，即便我们脚步缓慢，也能永远走在通往成功的道路上。否则，方向不对，只会背道而驰。

我毕业后第一次感到迷茫时是在2010 年，每天早上起来都不知道为了什么。到了公司之后，身体机械地工作着，头脑却一片茫然。那里对于我来说就像个羊圈一样，人人都很和蔼，都很有亲和力，能以最舒服的状态工作，不过也因为舒服，每个人的成长都很慢。

后来，我在别人不解的目光中辞掉了工作，踏进了一个完全陌生的行业，这一次我知道我要的位置就在这儿。

相比于原来的公司，这里就是狼窝，每个员工都带着一股狠劲儿，每个人都目标清晰，所有人都为了自己的梦想努力着。一个策划做不好，不用领导批评，自己都会无地自容；任何一个瑕疵，都值得我们付出几个通宵来弥补。在碰撞与激进的状态下，每个人都在快速成长着，那种感觉好极了。

生命的价值并不在于它的长短，而在于是否能摆正自己的位置，发出自己的光芒。想想看，你现在所处的位置，能让你发出光芒吗？

有这样一个故事，曾无数次出现在成功学讲座上：

一个乞丐在一座城市的地铁口卖铅笔。

一名商人恰好路过，向乞丐的杯子里投入几枚硬币，匆匆而去。

过了一会儿，商人回来取铅笔。他说："对不起，我忘记拿铅笔了，你知道的，你我都是商人。"

几年后，商人参加一个高级酒会，遇见一位衣冠楚楚的先生向他敬酒致谢。这位先生说，他就是当初卖铅笔的乞丐。他人生的改变得益于商人的那句话：你我都是商人。

当你定位于乞丐，你就是乞丐；当你定位于商人，你就是商人。

只有方向正确，你才有成功的可能。你要记住所有的道路，都是你自己选择的。你今天走的路，也决定了你未来有怎样的人生。成功与失败的区别也就在于此，成功者为自己做了精准的定位，并始终朝着这个方向赶路，而失败者往往不是选错了定位，就是根本没有定位。

很多时候，我们总是在做一些无谓的努力，就好像我们想要寻找金矿，却持续在海滩上挖掘，这样做的结果就是我们只能挖出一堆又一堆的沙土，而绝对不可能找到金子。所以，不要在不必要的地方付出你全部的精力，若要有所收获，必须选择正确的目标和定位。

一位科学家曾做过一个有趣的实验：把一些蜜蜂和苍蝇同时放进一个玻璃瓶里，让瓶底对着光亮处，瓶口对着暗处。结果，那些蜜蜂拼命地朝着光亮处挣扎，最终气力衰竭而死，而苍蝇竟都溜出细口瓶颈逃生。

人生总是令人困惑，很多时候朝着一个方向努力地走，尽管已经筋疲力尽，但最终依然逃脱不了失败者的命运。所以，有些时候，不妨停下前进的脚步，看看自己努力的目标和方向是否是对的。

对于即将迈入30岁门槛的女人来说，人生马上要进入另一段奋斗的旅程。在进入之前，我们一定要为自己选择好一个定位。因为这个年龄的女人，已经不再年轻，如果还不知道自己要干什么，不清楚自己在哪一方面最具优势，那实在是悲哀。

很多人总认为投身于时下炙手可热的行业，就俨然处于光环的中心，梦寐以求的权力、地位和财富就都能得到，就能实现自我的价值。可是往往等他们兜兜转转了很多圈，耗尽毕生的力气之后，才恍然大悟，原来自己真正喜欢也能做好的事情并没有做，而自己一直盲目追求着的事物根本就不适合自己，或者是根本没有意义。

每个姑娘在奋斗初期都该给自己一个清晰的自我定位，不幸的是，她们中的绝大多数都忽略了这一点。

亲爱的姑娘，除去美好的容颜，你的人生还应剩下奋斗的光芒。请别辜负从前的青春韶华，也别辜负后来的岁月沧桑。

与比你强的女人做朋友

如果你不想在几十年后，和一群大妈抢廉价菜、排队购买打折鸡蛋，到处宣扬大蒜绿豆抗癌，那么请和那些比你优秀的姑娘做朋友。要知道那群比你强的女朋友，会搀扶着把你拉上人生的巅峰。

我 24 岁大学毕业的时候，工资只有 1800 元，总是算计着柴米油盐过日子，每次逛街都下意识地捂住自己的口袋，仿佛那些橱窗里的包包、裙子、彩妆都长了爪子似的要随时伸进我的裤兜。

那时和我一起租房的室友，是个职位比我高的漂亮姑娘，每天奔波忙碌，异常辛苦。我们会在周末一起去超市抢购廉价的生活用品，或是下班后去买打折的水果和寿司，我一直以为我们是一样的，可这“一样”中，却又隐约隐藏着某些“异样”。

我那时每天早晨都特别困，不到最后一秒都不会从床上起来，当我匆忙地嚼着面包往身上套衣服的时候，总能看到她化着精致的妆容，披散着洗过的头发，踩着极细的高跟鞋准备出门。

那样一丝不苟的样子，让我羡慕，却不以为意，直到有一天她约我去吃早餐。我清晰地记得那是一家十分讲究的西餐厅，典型意大利风格，装修格调舒适宜人，还有户外的露天座位提供给喜欢浪漫的客人。

漂亮的餐具沐浴在晨光下，感觉心情也美好起来了，旁边坐着读晨报的体面商人，和打扮精致轻啜咖啡的妇人，而穿得有些邋遢的我似乎与那里格格不入。

在优雅的小提琴声中，我一遍又一遍地提醒服务员快点把早餐端上来，因为我真的要迟到了。终于，食物端上来了，我失望至极。

洁白的骨瓷餐盘上，食物被精致地摆放在中央，然而这对于吃惯了鸡蛋灌饼、煎饼果子、烧饼豆腐脑的我来说，真的是过于“简单”了。它的内容只有一点水煮胡萝卜、一个煎蛋、一片芝士和一小块烤面包。我边吃边嘟囔着：“68 元一份的早餐啊，就这么点东西，清淡得我都不需要舌头了，真是不值。”

她终于忍受不了我的絮叨，对我说：“你能安静一会儿吗？吃饭不仅需要用舌头，也需要用心。”

她成功了，我安静下来了。

后来，我一直在回想那次的早餐，回想她吃早餐的样子，优雅又安静，我知道她想融入那个圈子，其实，我也想。

之后，我再也没有吃过鸡蛋灌饼，因为我不想与街边那种油腻的味道融为一体。

因为换了工作，我们被迫分开了，但也一直保持着联系。那个精致又努力的姑娘，我知道她在竭尽全力去赢得她想要的生活。我也知道，她一定会有成功的那一天。

后来，我又结识了很多姑娘，她们同样积极且优雅。每次聚会，她们擦的口红总比我的艳，包包总比我的贵，鞋跟总比我的高，衣服搭配得总比我得体，最要命的是，她们居然还比我会赚钱。

和她们在一起你永远不会觉得自己花得多，而是恨自己赚得太少，然后奋力去追赶，在这个追赶的过程中，你也一路成长，一路进步。所以，有这样一群女性朋友在身边，是大有裨益的。她们很少会聊“孩子在学校不听话，婆婆又挑理了，丈夫最近回家好晚”等话题，她们的聚会内容永远是追赶着流行前线的服饰搭配、最新的职场资讯、稳健的理财产品以及性价比超高的护肤品推荐。与她们在一起，你总能接收到最有价值的信息资讯，甚至每聚会一次，你就提升了一次。

那样一群比你强的姑娘，会带你看到不一样的世界，那个世界既精彩又新鲜，确保不会让你在年过花甲时还在重复着几十年前的谈资。

所以，每当我觉得工作辛苦想放纵一阵子的时候，就去看看朋友圈，看看那群姑娘们的旅行自拍和晒出来的各种奢侈品，这样我就知道，我还不能停，我还需要追赶。

我从不介意她们炫富，因为我知道这些都是她们赚来的，而不是靠父母给予的，没什么比凭本事赚钱更体面的了，不是吗？

亲爱的，如果你不想在几十年后，和一群大妈抢廉价菜、排队购买打折鸡蛋，到处宣扬大蒜绿豆抗癌，那么请和那些比你优秀的姑娘做朋友。要知道那群比你强的女朋友，会搀扶着把你拉上人生的巅峰。

不努力，就是最大的遗憾

我们很多时候玩命地奋斗，拼命地赚钱，并不是为了什么锦绣前程，而是为了能让自己有尊严地活着，能让孩子不必在贫困的环境里变得自卑敏感，能让身边的男人不必为了养家而日夜奔波，甚至能让父母体面地老去。

一次和朋友在中央大街旁边的小馆子里吃饭，邻桌坐着一个中年女人带着一个十多岁大的男孩。上菜后，女人突然跟服务员吵了起来，原因是香辣肉丁里的肉太少。男孩低头不语，紧紧拉扯着自己的衣角。服务员态度也不太友好，嚷道：“20 元一盘的菜，你还想要多少肉，想吃肉点排骨啊！”听了这话，女人突然哭了起来，大家都为之一愣，一盘菜而已，至于吗？

老板急忙出来道歉，可女人却哭着摆了摆手说道：“我不是因为一盘菜哭，我是哭我这么大年纪了，还在为一盘香辣肉丁跟别人计较。”

这女人确实挺惨的，但我却并不同情她，我同情那孩子。她的今天很可能是因为她昨天的不努力造成的，如果她曾经拼尽全力去赚钱，去奋斗，那她就不用过今天这样的生活了。可那孩子并没有什么错，他还没来得及开始自己的人生，便要因为上一代的不努力，过着斤斤计较、唯唯诺诺的日子。

或许你会觉得我小题大做，因为在你看来所有人的日子都是这么过的。好，我们不去计较生活，我们来聊聊爱情。

我有个朋友很勇敢，貌美腰细大长腿，是一个办公室文员，月入 3000 元。

她明知道婆家嫌她没本事赚得少配不上人家月入一万元的宝贝儿子，却还在众人的阻拦下嫁了。现在他们结婚两年了，有了个一岁的儿子。但她很想回到过去，想一巴掌扇死当年的自己。

这段婚姻虽说有些不对等，但差距也不算太大。主要问题是这男人花心小气且不要脸，平日里一把韭菜买贵了，都要反复数落她三四次。婚后更是拿走了她所有的嫁妆去投资，结果赔得一塌糊涂。现在她想离婚都没办法，因为收入太低，如果搬出去就要租房子，还要养儿子，这是她无法承受的。

现在她每天都加班，玩命地攒钱，她对我说她之所以这么努力，就是希望有一天能拿着离婚协议书，去骂他祖宗十八代。

有些人拼命努力，是为了想和谁在一起就和谁在一起。

而有些人拼命努力，是为了想不和谁在一起就可以不和谁在一起。

这个世界就是这么市侩，如果你家祖坟上没有时常冒出青烟，那就好好努力吧。

我在北京时其实收入不错，工作之余到处走走玩玩，别人找我写稿，我根本懒得理会。有一次急需用钱，我慌张了，于是接了个急活儿，天天下班回来加班。每天我都要写到后半夜 2 点多，然后早上 7 点起床去上班，中间在梦里的 5 个小时我都在想我的策划到底应该怎样改。我的头发基本都是那时掉的，那个稿子我写了一个月，月底拿到了一万元钱，现在想来那不是钱，而是我的一把青丝和半辈子的精气神儿啊！

从此以后，我就知道平时努力赚钱有多重要了，我真的再也不想过那种昏天黑地的日子了。

如果你觉得急用钱找朋友借就可以了，这些都是小事，那好，我们再来聊聊亲情。

总有一天我们的父母会老去，会生病，会进医院。如果有一天，他们中有一人得了癌症，你怎么办？是吃 1000 元一粒的进口药，不报销，吃多久活多久，还是回家疼到死？

你是个孝子，你一定会选前者；但你又是个穷人，你没办法。你不努力，你有什么资格选！

我们很多时候玩命地奋斗，拼命地赚钱，并不是为了什么锦绣前程，而是为了能让自己有尊严地活着，能让孩子不必在贫困的环境里变得自卑敏感，能让身边的男人不必为了养家而日夜奔波，甚至能让父母体面地老去。

为了两位抚养了你二十几年步履蹒跚的老人；为了那个日夜打拼为你倾尽所有的男人；为了那个每天晚上盼着你回家的孩子，你都必须像个爷们儿似的去努力！

Chapter 2

所有付出，终有偿还

“梦想”是个美好的词儿

姑娘，祝你前程似锦，不过我更希望你梦想成真。

一位哲人说过，人只在出生的那一瞬间拥有完整的自由，接下来的就是不断地用自由与周围进行交换获得生存权利的过程。换言之，生命的过程，就是自由不断丧失的过程。而这份“自由”包括了很多内容，其中最具代表性的就是梦想。

人在踏入社会的那一瞬间，拥有完整的梦想，接下来的过程，就是不断地用梦想和现实进行交换从而获得生存的权利。于是，这个过程也就是梦想坠落的过程。尤其是那些雄心壮志地走出校园的奋斗青年们，所面临的落差尤为惨烈。于是，一部分人“醒悟”了，原来人生有很多条路，我们必须要学会不断地调整自己，调整方向，才能既不伟大，也不萎靡，从容地活下去；而还有一少部分“执拗”的人却坚持下来了，他们毫不动摇地坚守着曾经的梦想，并在最初的道路上顽强地走下去，哪怕这条路已经破败不堪，荆棘丛生。

是什么促使他们坚持下来了？是梦想。梦想又是什么呢？梦想就是一种让你感到坚持就是幸福的东西。所以我们说，“梦想”是个美好的词儿。

前阵子有一部特别叫好的电影《中国合伙人》，对“梦想”进行了完美的诠释。影片讲的是20世纪90年代，中国刚刚打开国门，被封闭已久的国人觉得美国的月亮都比中国的亮，所以众多学子们不论千辛万苦也要到美国走上一遭。

很难想象，因为美国对于今天的我们来说早已不是什么梦，它离我们很近，反而中国离我们很远。我们从小被好莱坞影片西化，青春岁月里又少不了美剧的陪伴，虽然骨子里还保留着中国最传统的思想。不过在那个年代里，中关村还是一个像村子一样的地方，只有一条从首都体育馆直通的大街，从动物园始发的360路公共汽车贯穿其中，两旁尽是低矮、破旧的平房。在那附近贴满了小广告，都是帮助考托福的（后来改成雅思了），还有就是帮助办签证的。那时美国使馆的拒签率非常高，大使馆门前永远人潮涌动。

而在影片中的三个主人公之一的孟晓骏，就是人潮中的一位。美国梦伴随了他整个童年和青春，在追随梦想的旅途上尽管他低迷过，怯懦过，但却从未放弃过。当我看到他在餐馆打工，那个美国老太太悄悄塞到他手上20美元时说的话，我很难过。她说："你还那么年轻，未来的路还很远；而她，只能在这里端盘子了。"人与人，可能某个时间点有相同的境遇，但是决定未来的，是梦想与努力。

世界上唯一可以不劳而获的是贫穷，唯一可以无中生有的是梦想。世界虽然残酷，但只要你愿意走，总会有路；看不到美好，是因为你根本没有坚持走下去。这也是这个时代的年轻人苦闷的原因所在，他们想追逐自己的梦想，可又不敢放弃眼前的生活，所以他们无法超越，也无法淡定，只能纠结。

其实踏出一步并没有你想象的那么可怕，即便摔倒了又能怎么样？即使失败了又有何妨？哪怕最后所有人都知道你不行，哪怕最后所有人都对你嗤之以鼻，你也可以高傲地抬起头，暗暗地竖起中指，然后微笑着说："我是不行，你是没种！"

我们说人生之所以美好，是因为有梦想；梦想之所以珍贵，是因为我们可以为之疯狂。哪怕在这个过程中我们伤痕累累，苦不堪言，但是我们体验过了什么是执着，什么是奋斗，什么是无畏，我们的人生便足够精彩了。

没有梦想的生活就像一辆不知驶向何方的公交车，人来人往，却没有同行者，没有目的地，让人在迷茫与空虚中，慢慢丧失自我。但回忆一下我们真的没有过梦想吗？不，其实，我们都有过“每天抱着梦想入睡，第二天在梦想中笑醒”的时光，那是段看似幼稚，却十分美好的时光。然而，现实却是残酷的，让那么多人未曾开始追逐梦想，激情就已退却。于是，梦想就这样被埋葬了，取而代之的是油盐酱醋和鸡零狗碎。

看人家去购物，你也忍不住逃课或是扔下手里的工作去了；看人家花前月下，你也花大把的时间去讨好“男神”；看人家“欧巴、撒拉嘿”地叫唤，你也打开电脑没完没了地追起了韩剧；看人家对着别人的汗水冷嘲热讽，你也开始鄙视起奋斗族的卑微；别人说所谓梦想太过可笑，你也跟着觉得谈梦想太过幼稚。

其实我也不是一个努力的人，也曾站在青黄不接的尴尬路口，也曾在低迷期几近绝望。能让我坚持走到今天的是，我还有信仰，我还有梦想。我虽不强悍，但却足够坚韧。虽然今天我依旧没成功，依旧为了点版税和出版商扯皮，但我却再不用看人脸色，不用夹着尾巴做人，在活儿干得不痛快时，可以拍桌子说老子不干了而有本事不让自己饿着，这就是追逐梦想的力量。或许最后我们的梦想不会实现，但在追逐的过程中却可以把我们变得更好，这不也是一件很美好的事吗？

在这苍凉的时光里，生活对我们的残忍，也是恩赐，因为那是梦想对我们的考验。

姑娘，祝你前程似锦，不过我更希望你梦想成真。

生活要有自己的忙碌所在

人还是要有自己的忙碌所在，才能骄傲地站在大地上。不必自我逃避，不必为生而为人感到抱歉，不用担心在漫长的时间中，退化成四足着地的低等动物。

有人说，一个人的躯体好比一辆汽车，你自己就是这辆汽车的驾驶员。如果你整天无所事事，空虚无聊，无心工作，没有理想，那么，你根本就不会知道驾驶的方向，更没有到达终点的那一天。

许多从年轻走过来的女人都很明白工作对于生活，对于幸福的意义。在她们看来，工作不但是维持生活，更是维护爱情和幸福最基本的保障。可是还有一些嫁了有钱人的美女们对于这个说法不屑一顾。然而，事实就是事实，当那些飞上枝头的金凤凰过了新鲜劲儿之后，就会发现未来迎接她们的将是无穷无尽的寂寞和等待。这是因为没有工作的女人常年置于深闺，而有钱的丈夫通常都是忙碌的，所以她们只能天天遛狗、闲逛来打发寂寞的时间。

女人不管有钱没钱，都应该出去找一份工作。长时间不踏入社会的人，只会与社会脱节，让精神世界变得贫乏，时间久了还会让自己变得没自信、敏感，就像是丈夫回家晚了，或是忽略了点什么，她们很快就会把自己变成多疑的怨妇。

此外，手里有一份薪水不论多少都会让女人更有底气，在和丈夫吵架的时候也不至于让自己无路可走。就像《喜宝》中的女主人公说的："我需要很多的爱，如果没有爱，有很多钱也是好的。"

同时，还有一个更为实际的理由就是，工作能让女人交到一些可以一块逛街、闲聊八卦的朋友，而这些比起多吃水果，多做瑜伽来说，更能保养女人。

在文字这个圈子干了几年之后，我已经不再需要坐班了，每个月按时交稿就可以，如此宽松的氛围对于我来说其实并不像工作，更像是找乐子。起初我挺高兴的，那几篇稿子根本用不了多少时间，每天都可以睡懒觉，逛街吃饭随时都可以，感觉棒棒的。

可当最初的兴奋劲儿一过，才发现这样的生活并不美好，丈夫每天去上班时，我却还在床上睡大觉，中午一个人在家随便吃点将就着，一整天就在家里穿着睡衣到处晃悠，那种无聊到崩溃的感觉真是让人难以接受。更为头疼的是，当我脱离了人群，脱离了我的那些八卦小姐妹，脱离了闷骚的文艺男同事，脱离了屋子以外的人间烟火，我再也写不出东西了。

就这样，我不断地追问自己：这真的是我想要的生活吗？答案是：不。或许几年后我可以到处写写逛逛，看清楚这个世界，但现在不行。我还需要一份朝九晚五的工作，还需要淹没在大量的文案中，还需要洞察职场人性，还需要接地气地活着，所以我必须要奔波起来。

在这个人才济济的社会里，我看到了太多优秀的女人怎样奔波，怎样生活。如果你问我，赚得多吗？其实还不及我在家写稿的三分之一，但我很满足。

工作能让女人忙碌起来，而忙碌起来就没有时间胡思乱想了，这样恋人间、夫妻间很多不必要的猜忌和芝麻大的事儿都会自动化解。更何况，整天吃喝玩乐、醉生梦死、无所事事的日子也是不健康的，时间长了人也会变得空虚。所以，无论如何女人们都应该好好找份工作，哪怕只是为了充实生活也好。

现代女性基本都有工作的能力，甚至有创造辉煌事业的能力，那么自然就不该放弃自己的大好前途。何况“清福”这种东西并不是谁都能消受得起的，与其坐等别人“赐福”给自己，不如主动争取来得理直气壮。

其实最闲的人，也是最累的人、最容易迷失的人。

当一个人空虚、没有自我的时候，时间的充裕并不是福荫。相反，她会感到恐慌、感到焦虑，急于找到一种寄托，于是韩剧、言情小说轮番上阵。日复一日，年复一年，毫无长进。

因此，说到底，人还是要有自己的忙碌所在，才能骄傲地站在大地上。不必自我逃避，不必为生而为人感到抱歉，不用担心在漫长的时间中，退化成四足着地的低等动物。

姑娘，如果你觉得生活空虚无望，人心难以琢磨，爱情患得患失，每日寝食难安，那么你一定是太闲了。赶紧让自己忙碌起来吧，因为忙是一剂治疗精神空虚的良药。

在工作时忘记性别

所有的锲而不舍、披荆斩棘和勇往直前，都会在日后交织在一起，为你打造一顶王冠。在旅途的彼端，为你加冕。

一个女孩子为什么要那么拼？

因为职场没有性别，只有角逐，适者生存，弱者出局。

我原来的一个室友，叫薇薇，在一家大型的外资企业做市场调研，主要负责收集竞争对手的市场数据及前景分析。

这份工作真的很辛苦，每天拿着调研表要奔走好几条街，陌生的访问常常换来的是白眼和敷衍，内心弱一点的都会打退堂鼓。那时的薇薇刚毕业没多久，面子薄又怕辛苦，太阳稍微大一点她就烦躁不安，被拒绝几次她的内心就承受不了了。

一想到公司把这种既耗体力，又不被待见的活交给一个女孩子，她就十分火大。于是，她开始偷懒，编造数据，篡改报告。

直到有一天，她的直属领导找到她，让她去寻找下一份工作，她才恍然大悟。

那是一场漫长又难熬的谈话，她开始时羞愧内疚，之后无地自容。

其实大城市的工作很容易找，她之所以红了脸又红了眼是因为她狠狠地犯过错，又被彻底地揭穿了。

她的直属领导对她说，为什么那么多企业倾向招男不招女，就是因为有太多像你这样拈轻怕重的姑娘。

是啊，职场上从来都是靠实力吃饭，你因循苟且从春天走来，大概过不完春天就要离开。

莎士比亚曾说过这样一句话："弱者，你的名字是女人。"数百年来，广为流传，不仅为社会所公认，也为女性所标榜，以至于在相当长的时间里，女性都以柔弱为美。然而，时过境迁，这个时代对女性的要求早已与柔弱无关。

我刚来北京的时候，因为是应届毕业生，还是外地的，在我们那个以男性为主导群体的公司里朝不保夕，每天都干着全公司最累的活。有一次，为了拿下一个项目，我坐了好几个小时的车，临近日落才到了那家位于北京郊区的大厂子，一个荒无人烟的地方，我深一脚、浅一脚地独自奔赴。

那边的领导本就不打算跟我们谈这个项目，于是找了借口避而不见。我就坐在厂区的门口等着他开完会，等着他吃完饭，等着他下班，等到他没办法无视我……

夜幕降临的时候，他终于出来了，看到了满脚泥泞，有些狼狈却目光坚定的我，愣了一下，终于给了我一个做项目分析的机会，我把脑子里早就循环了无数次的数据分析和优势对比，一一讲给他听。那天晚上很顺利，我成功地拿下了这个全公司都以为签不下来的合同。

等往回走的时候，天已经黑了。我一个人在荒芜的夜色里走了很久才上了一辆公交车，下了公交车换乘地铁的时候，天又开始下雨。半个小时的路程，狂风肆虐，我硬是没打车。坐在地铁里，爸爸发短信问我吃饭了吗，我用湿透了的衣服擦了擦手，给他回道："早吃完啦，看电视呢！"

租的房子在六楼，楼道里的灯忽闪忽灭。隔壁的室友还没回来，我从厨房拿来几个盆放在了漏雨的地方，然后换了身干净的衣服，躺在熟悉的床单上，终于放声大哭——为这一程黑暗漫长的路，为那一路黯淡的星光。

那一年，我是七个通过实习期的员工中，唯一的女性。

我知道那些奋斗背后的辛酸，那些职场上的龃龉，那些漆黑的夜，那些狂风暴雨，那些颠沛流离，正在悄无声息地改变着我，让我的内心变得坚硬，变得无所畏惧。

我们总要学会一个人修马桶，学会颤颤巍巍地攀到椅子上换灯泡，学会应对上司的各种刁难，学会处理职场上复杂难解的问题。如果你对付不了生活对你的挑衅，就看不到这个世界的美好与良善。

这个社会，不会因为你是个姑娘，就温柔缱绻地对待你。你要享受生活，就一定要“承受”生活。所以，感谢那些在黑夜里一边跟自己说着“加油”，一边往前走的日子吧，是它们成就了今天的我们，让我们有能力站在更高的平台上去迎接那些终将到来的回报与荣耀。

姑娘，你要知道，所有的锲而不舍、披荆斩棘和勇往直前，都会在日后交织在一起，为你打造一顶王冠。在旅途的彼端，为你加冕。那一天，你穿着的不再是父亲给你买的公主裙，不再是男人送你的小洋装，而是你亲手打造的铠甲。那样的你，才是真正的女王。

你的茫然，唯有工作能救赎

如果没有试过，你不会知道，当你把工作当作事业去做的时候，你的脸会自主分泌玻尿酸，唇上会自带一抹红，周身会散发迷人光芒，那才是最美的你。

早上醒来，你以惊人的速度洗漱完毕，努力睁开惺忪的睡眼，在川流不息的人群中奔赴公司。

望着满满当当的工作表，你使劲地啃了口干巴巴的面包。这时邻座的同事递给了你一杯热气腾腾的咖啡，你心中似乎有了一丝热度，可转眼间，她一脸乞求地请你帮她完成一项费力不讨好的工作，你默默接受了，那点热度瞬间荡然无存。

埋头苦干了一天，拖着疲惫的身体挤上了公交，又换乘了地铁，到了小区门口的时候，月光已经悄无声息地落在寂寞的街道上，你的身影被无限拉长，落寞也被无限拉长。

走到家门口，你不经意间听到婆婆向丈夫抱怨，孩子没人管，家务没人做，都不知道每天瞎忙些什么。

原来，在他们眼里，一个女人的努力与拼命只是瞎忙，远不及每天在单位混混日子，下班顺便捎回两把菜，收拾收拾屋子。

很多人不知道，这个时代，求上得中，求中得下，若求下就什么都没了。你想平平凡凡地过日子，那结果只会是平平庸庸地过一生。

或许有丈夫扛着这个家，有父母之前给你的厚重的嫁妆，你不需要钱，但是姑娘，你需要尊严啊。娘家也好，夫家也罢，你若总是一点点讨要，早晚有一天你的志气和情分，会被一点点蚕食掉。

所以，亲爱的，你必须咬紧牙关，哪怕违背了众意，四面楚歌，也要好好地撑下去，用你的不动声色，掩饰好内心的兵荒马乱。

别羡慕隔壁老王的媳妇，打打麻将也是一辈子；也别羡慕单位里的后勤大姐，轻轻松松地就混到退休了。有些女人，从来没有真正活过，因为她们的每一天都在重复。

我从前的一个同事，叫安琪，在职场上奋斗了很多年，前阵子却辞职回家了。

因为一个周五下午的例会，本来由安琪主讲，可在开始前 15

分钟，她接到了婆婆的电话，说孩子哭闹不止，不知道是不是生病了，她就飞奔回家了。她来不及想的是，丈夫今天休假，和朋友出去玩了，可婆婆没有打给他，就连她自己都没冷静地去找更合适的解决办法。

事后，她去领导办公室解释，却被领导不愠不火地打断了：“如果孩子真的离不开你的照顾，我建议你最好做全职妈妈，好好陪伴她，这样家庭就不会被耽误了。”

安琪的脸“唰”地红了，她知道这个月为了家里的事已经请过好几次假了，领导能这样说，表示已经对她非常不满，并有意辞退了。最终，安琪还是主动辞职了，她实在是不想等着别人来赶自己走。

其实，在七年多的职场生涯中，安琪还算勤勤恳恳。刚进公司时，她还只是营销部一个小职员，那时候，她工作积极性很高，为了拿下一个单子，24 小时在公司备战。就这样，熬了三年，终于被升为主管。

然而，随着时间的推移，安琪的工作热情逐渐被家庭分散，消失殆尽，每天都是机械地做着同样的事情，不肯多花一点心思去思考。在主管的位子上干了四年，都没有任何提升，安琪于是干脆回家生孩子去了。休完产假后的安琪内心更趋于平静，顶头上司也是换了一次又一次，自己却始终原地踏步。

“做好现在的事就可以了，现在的职位也不错，公司福利还很好，压力还不大，何必在乎升职呢？”安琪时常这样安慰自己。没想到，在“混”了几年之后，竟然要被迫辞职，职场生涯彻底被“安乐死”。

后来，听说她的主妇生活过得也不顺心。是啊，家庭主妇的工作量不输给职场女性，同样是辛苦，那里的天地太小，委屈太多，掌声太少。

你以为守着那一方厨房、那一处卧室就是你人生的全部意义，殊不知那些是最不安稳的存在。

一个女人，如果不想选择这样的生活方式，那只能披上这沉重的铠甲，披星戴月，奔赴战场。

自己选的路，跪着也要走完。

只有工作，才能让你汲取智慧，让你快速成长，让你不至于被生活打倒，让你拥有将全世界装进心中的豁达。

如果没有试过，你不会知道，当你把工作当作事业去做的时候，你的脸会自主分泌玻尿酸，唇上会自带一抹红，周身会散发迷人光芒，那才是最美的你。

当然，我不是鼓励每个女人都做工作狂，我只是想告诉你，当你为了自己的人生打拼的时候，当你走上属于你的阳光大道的时候，是一种怎样的体验。这种体验肯定比你为了见你的男人洗了头发，擦了 YSL 的超模粉底液，用了 Givenchy 散粉，涂了 Chanel 的唇蜜，喷了 Dior，如此武装到牙齿的浓妆艳抹要来得充实，有满足感。

这世上，大多数女人都是在呵护下长大的。

可有些女人，注定在工作的淬炼中变强大。

亲爱的，我希望你是后者。

姑娘，努力就对了

虽然未来总是未知，但只要你肯付出，你想要的，岁月都会给你。所以，姑娘，努力就对了。

四十几岁的女人总爱把生活过得乱七八糟。丈夫上班去了，孩子上学去了，剩下自己整天无所事事，只能窝在沙发上看电视，还不停地发牢骚："我的生活怎么会变成这样，人家这个年纪的都住上大房子，一年旅行好几次，我却还守在这个豆腐块里，腰上的肉也越来越厚，脸上的皱纹也越来越多，唉。"日复一日，每天如此，她们只会摸着自己的小肚子继续这种糟糕的生活，从未想过要改变。并且，还会因为日渐凸显的肚子，越发减少外出的次数。

现在，来看看年近30岁的你又是怎么样的呢？周末好不容易放个假，是否也是一整天泡在电视剧里，一边看一边埋怨呢？

闺密们都嫁了好男人，不仅有了房子还可以安心在家享受着少妇的安逸，而我不仅住在租来的隔断间里，还要每天为那3000多元的工资奔波忙碌。工作好几年了，只知道“攒”肉，不知道攒钱，要不然就能出去旅行了……

于是30岁的你也是一边摸着肚子，一边琐碎地抱怨着。一点都没意识到正在毁掉你人生的方法跟40岁的女人如出一辙。

这样的女人只看到了生活里没什么，可却从未想过为什么。你为什么没钱？你为什么要租房子？你的工作为什么毫无起色？你的身材为什么会走样？你真的甘心人生如此平庸吗？你究竟有没有努力过！

女人年轻的时候最容易犯的错误就是，不愿意通过自己的努力扭转人生。她们往往更期待一些不劳而获的东西，而非脚踏实地地去奋斗。正是这个原因，女人才会那么迷恋电视剧。因为她们总幻想着电视剧中的烂俗情节有一天也会发生在自己身上——突然出现一个王子，把自己从庸碌的生活中拯救出去。然而，时间一天天过去，除了身材与容貌，一点变化都没有。

于是，一部分女人将自己的际遇归结于命运不公，怨天尤人；另一部分女人则抱怨自己怀才不遇，殊不知，这是个天大的笑话。

多年前，我自认为文笔好、水平高，才华横溢得马上就要走到众人瞩目的位置上了。于是每天都好纠结啊，自己马上就要红了可怎么办？然而在我连续出了几本书之后，羞恼地发现，每本都只是尴尬地刚把首印量卖掉。曾经“洛阳纸贵”的想法，把我的脸打得啪啪响，于是我跟一个朋友说：“好伤心，读者是不是瞎。”之后，她对我说了这样一句话：“正因为读者不瞎，你的书才卖成这样。当你足够努力，足够强大的时候，你就会明白世上根本没有‘怀才不遇’这件事。”

很感谢她当时的直白，才能让日后有一个努力到忘乎所以的我，一个用几年时间去学习倾听的我，一个今天肯坐在这里毕恭毕敬写东西的我。

直到多年后的今天，我才深刻体会到，这个世界缺的是作者，不是自以为怀才不遇、不肯努力的抱怨者。

有几分努力就有几分收获，机遇可以成全你，超凡的天赋也可以成全你，但这一切的前提都是你必须要努力，机遇与天赋才会发生效用。因此，如果你还没有成功，那么不妨问问自己，你足够努力了吗？

读大学的时候认识一个学姐，肤白腰细大长腿，每个角度都堪称完美。寝室楼下经常看到她的追求者们在花式告白，捧玫瑰摆蜡烛唱情歌弹吉他什么样的都有。

毕业时学姐选了房子最大的那个，然后还没踏进社会，就走向了婚姻的殿堂。

没有对比就没有伤害。在我躲在隔板间里看着智联招聘，不知道何去何从的时候，学姐就开始各种晒名包，晒豪宅了。那时的我真的特别羡慕她，心想要是自己颜值也那么高，或许就不用这么辛苦了。

然而，一个女人嫁入豪门后就真的不用努力了吗？当然不是。一辈子太长了，变故也太多了，谁又能一路风平浪静地走过来呢？况且建立在物质依附基础上的感情恰恰是最没有保障的。

去年年底的时候学姐离婚了，因为丈夫的公司经营惨败，囊中羞涩的生活让她无法接受。然而恢复单身的她日子并不好过，因为没工作经验面试频频被拒，想再嫁有钱人想想还行，想太多就是想得美。

一段寄生的婚姻一开始就已埋下了祸患。女孩子想要嫁对人，除了性格合得来，还要共同承担风雨，而不是等人打赏。

如果你没本事投到好胎，那就必须逼自己变得更强大。

虽然未来总是未知，但只要你肯付出，你想要的，岁月都会给你。所以，姑娘，努力就对了。

我在北京的那些年

属于你的光芒，终将到来。

那时的北京美得像北平，让我们这些铁骨铮铮的姑娘，着实意气风发地奋斗了好几年。

虽然结局有的偃旗息鼓，有的成功驻扎，有的败北回了老家，但那又怎样呢？这座城市有过我们奋斗的青春，这便足够了。

其实我想给每篇文章一个完美的结尾，给每个出现过的人一个幸福的归宿，但这不真实，生活本是复杂而艰辛，而我想做的就是尽量还原，哪怕我无法给你们足够的力量以应对这残酷的人生。

2009 年夏，我大学毕业了。拖着重重的行李箱来到北京，投奔我一个久别的朋友。这个姑娘我从小就认识，她家和我家都在同一个院子里。小时候，我们整日里撒泼打滚地玩，从没想过今后会怎样。

高考过后，我去了哈尔滨，她去了北京，距离远了，联系也就少了。直到毕业后，我只身坐上了从佳木斯开往北京的绿皮火车。整整23个小时的火车，让我几乎抓狂。在密闭的空间里，一路上不断忍受着各种让人闻之欲吐的气味。

当我全身浮肿、晕头转向地走出站台时，我看见那个美丽的姑娘穿着一身板正的黑色小西服，正使劲地冲我挥手。

她带我去了西单一家饭店吃饭，至今我还记得那家叫“田老师红烧肉”的店。红红嫩嫩的肉和绿绿的蔬菜，让我黯淡的内心明亮了许多，直到现在我都会莫名地想起那个味道，或许就是因为在我最惶恐无力的时刻，它给了我一丝温暖和力量。

那姑娘其实和我同岁，但是，我却觉得她的眉眼间有着比我更加浓烈的愁绪。她精致的妆容也掩盖不住浓重的黑眼圈，我问她是不是工作太累了，她并没回答，只是沉默地把自己盘子里的肉都夹给了我。

北京的夜色繁华得有些张扬，热烈中带了点点疏离。她拉着我要回到她的住处。那时的我开始有些兴奋，问东问西的。“你租的房子离天安门近吗？”“一个人住是不是特别自在？”“公司就在你住的地方附近吧？”“你家里有钢琴吗？我记得你小时候弹得特别好……”

那一年，她才毕业，在北京拿着1800元的底薪，到处卖二手房。

那一年，我也是刚刚毕业，对北京充满了好奇和憧憬。

她带着我搭乘了很久的地铁，然后穿过了好多条胡同，我们最终来到了通州区边上的一个破旧居民楼门口。然后她扛着我的皮箱直奔顶楼，我看到她掏钥匙的时候已经累得满头大汗。

打开房门，一股发霉的气味迎面扑来。她尴尬地对着我笑了笑说，北京最近雨多，房子有些漏。我安抚地告诉她这比火车上好多了。

走进屋子我发现这里不分客厅和卧室，有的只是一个个隔板间，我跟着她来到了最里面的一间，放下行李，坐在床边，仔细地打量着这个小小的房间。这里没有窗户，而且很小，真的很小，大概只能放下一张单人床，连张像样的桌子都放不下。墙角的电饭锅里还有一点吃剩的米饭，旁边摆放着几瓶咸菜，看样子是从老家带来的。

唯一给房间增加一点生气的是桌角矿泉水瓶里插着的几朵百合花。我说花很漂亮，她解释道：“那是单位搞活动时剩下的，不管怎么样，家里总要有一些美好的东西。”

那一晚，我们挤在一张单人床上，幸好天不热。她告诉我她拼命卖房子赚钱，就是希望有一天可以不用这么拼命，可以在自己的房子里弹钢琴，房间里可以有一个窗子，每天早上起来都能看到阳光……

我背对着她，眼泪不可抑制地流淌着，我感受到内心如炭火灼热得快要破裂了。我紧紧地捂住嘴，生怕自己的哭泣声将她最后一丝的希望和尊严都毁灭掉。我知道，其实她很弱小，那根支撑着她走下去的神经，可能随时都会崩断。那一晚，我睡得很不好。

房间与房间之间没有墙，只有薄薄的木板，没有丝毫隔音的效果。听着走廊有人大声打电话的声音，公共卫生间冲马桶的声音……心中十分绝望。当生活将它隐藏了许久的狰狞毫无保留地呈现在我面前时，我忽然间不知所措。

至今我都记得在深夜的时候，有人驻足在门外向里张望时的情景，内心充满了恐惧。我突然想到，如果我不在，她一个人会不会更害怕？

没过多久，我就顺利地找到工作搬了出去。在那段时间里，我好似看到了生活的本来面目。在那个出租屋里，有渴望成功的职场新人，有游手好闲的流氓混混，有外来打工的中年夫妻……每个人以自己的方式顽强地活着。

在离开之前，我送给了她一个枕头，那上面绣着太阳花的图案。我告诉她，在看不到阳光的日子里，至少可以把它当成太阳。

在之后的几年里，我过得异常艰辛，但却无比满足。因为我知道还有一个人跟我一同奋斗着，我知道这世上没有人能轻松地活着，我更知道最坏的时刻终将过去。

后来等我再去找她的时候，她已经离开了那个鱼龙混杂的地方，搬到了一个阳光明媚有着大大落地窗的房子里。客厅里摆着一架黑色的钢琴，钢琴上面放着一大束百合花。她说这束花是为我特意准备的。我送给她的枕头还在，哪怕她现在已经拥有真正的太阳了。而她给我做家乡饭菜时，再也不用蹲在地上了。

姑娘，在这个世界上永远都不会是你一个人在受煎熬，几乎每一个人的“繁花似锦”都是在最坏的境遇里熬出来的。就像酒要慢慢酿才香醇，茶要慢慢泡才有味道，米要慢慢煮才会生香，总需要一个痛苦的过程，但你要知道这个过程总会有结束的那一天。

所以，别害怕，这些都会过去，属于你的光芒，终将到来。

Chapter 3

苦是你创造的，天堂和救赎也是

每个人心中都有等量的痛苦

在我生命中留下印迹的人，我见证过他们的灿烂，也知晓他们过去的阴霾。我明白不管怎样美好的笑脸，背后都有不愿人知道的惨烈。

电影《这个杀手不太冷》中，有这样的一幕：小女孩玛蒂尔德被父母揍了一顿，流着鼻血站在家门前的走廊上，莱昂从外面回来，经过她身边，递给了她一块手帕。

Mathilda："Is life always this hard, or is it just when you're a kid?"

玛蒂尔德："人生总是这么痛苦的吗？还是只有童年痛苦？"

Léon："Always like this."

莱昂："总是这么痛苦。"

的确如此，每个人心中都有等量的痛苦，忍受痛苦是我们活在这个世上无法逃避的一项修炼。而生活，也正像加缪的《西西弗的神话》里的那个西西弗一样，不停地、重复地把石头推向山顶，直至死亡，人生的痛苦才得以结束。

不要总羡慕别人的幸运，慨叹自己的遭遇。你要知道，你所经历的伤害与挫败，是人人都要体验的，他之所以比你快乐，是因为他处世的态度比你乐观，内心比你强大；抑或是他根本不愿意让你看到他的痛苦。

可事实上，很多人都不明白这个道理，总是为了生活中的那些不可回避的苦难耿耿于怀，自怨自艾，而对那些看似幸运的人羡慕嫉妒恨。其实大可不必这样，因为你终将有一天会平心静气地将那些痛苦照单全收，不再眼红别人；你终将会成熟，会强大，会拥抱自己曾经的脆弱与无知。

我有一个朋友是一家外企的执行总监，人长得很漂亮，做起事来雷厉风行，同时家境也很殷实，丈夫各方面条件都与她相当。曾几何时我也很羡慕她。

直到有一天晚上她喝多了，哭着告诉我，她一直很想要个孩子，可是结婚四年了，试管、人工授精、排卵针都试过，好不容易在一管一管地把那些副作用巨大的液体打进身体里之后，总算成功怀孕，可是就在昨天产检的时候，却发现胎停育了。只有两个月的幸福，就那样被打破了。

眼泪弄花了她精致的妆容，头发凌乱地散落在脸的两旁，手背上因为悲恸青筋暴突，而她只顾诉说着她的绝望与痛苦。我从未想过她也有隐藏在心底的悲伤，我不知道如何安慰她，只是告诉她，别难过，那不是生命，那只是一个细胞。现在还年轻，还有很多机会。

是的，每个人心中都有等量的痛苦，当你哭哭啼啼地来到这个世界的那一刻，上天就已将痛苦注入到你的生命里。如果说人生是一棵枝繁叶茂的大树，那事业、学业、家庭就是它的枝条，而痛苦正如树叶，虽压弯了枝条，却也使得人生的大树得以完整、丰富。

我的一个闺密，那是个努力到上帝都有所忌惮的“硬汉”，不光是对工作，对爱情也是如此。她用了整个青春去爱那个男人，用所有的光芒去温暖那个男人，可他还是出轨了，且一去不回头。在之后的很长时间里，她都没走出来，漫无边际的痛苦似乎要把她淹没了，直到两年后的一天，他们又见面了。

他还带着他的“她”，那是个并不怎么漂亮的姑娘，稀疏的头发即使烫过了也很难掩盖住头皮，臃肿的身体将 XXL 号的运动服撑得满满的，矮矮的个子只能到他的肩膀。

我的朋友说那一刻她释怀了，不是因为看到那个姑娘没自己漂亮，而是因为她看到了他心底的痛苦。

她是看着他从泥泞不堪的田地里，一步步走到这座灯火辉煌的大城市的。他背负的太多了，付出的也太多了，他发誓要把父母接到这座城市，改变一家人的命运。可是如果跟自己在一起，那他们真的很难在这座城市生根发芽，所以他必须找一个北京姑娘。

很多时候，在现实面前，爱情显得微不足道。请相信，这不是世态炎凉，这是生存法则。

来路不管经历了几多痛苦，都算过去了。此时我们更该感激，因为我们还年轻，我们的感官还敏锐，我们还能因为某些人和事听到心脏剧烈跳动的声音，即便那是悲鸣，但也足够欢喜。因为起码上帝安排你在身体健壮的时候迎接那些难题和痛苦，让你有时间去适应和改变，去迎接新的爱情和挑战，而不是虽许你半生富贵，却老来无依。

在我生命中留下印迹的人，我见证过他们的灿烂，也知晓他们过去的阴霾。我明白不管怎样美好的笑脸，背后都有不愿人知道的惨烈。所以，当我混不下去的时候，我都会看看那些真实存在于我生命中的人，稍许安慰后，骄傲地抬起头告诉自己：总有一天，这些痛苦会是我熬过去了的曾经。

不是只有你才在贫困中长大

意志上对贫穷的妥协，会导致行为上对扭转人生的放弃，最终会让人在庸碌与困顿中挣扎一辈子。

我有一个大学室友，是我的下铺，来自全国著名的贫困县，家住半山腰，连手机信号都微弱。家里有姐弟三人，除她之外都出去打工了，而她靠助学贷款交学费，所有的生活费全部来自于零零碎碎的打工。冬天在校门口卖烤地瓜，夏天在寝室楼下练摊卖报纸杂志。后来做超市推销员、肯德基店员、家教……她什么都干，连小孩子兜里的十元钱，她都想赚过来。以我浅薄的视野，只觉得她是当真经历过生活磨难的人。

大学刚来的时候，她有些自卑，整日穿着一身洗得发白的牛仔服，不大爱说话，最大的爱好就是学习。每天早上五点半起来，怕把床碰响影响到我，总是蹑手蹑脚。在冷清的自习室里，她可以坐一整天，然后赶在晚上十点半寝室关门之前回来。

几百个深夜，学校的小路上空无一人。巡逻的保安用手电筒照到她，问道："小姑娘你一个人不怕黑吗？"她总是沉默地摇摇头。

她跟我说她不怕黑、不怕冷，只怕辜负了大好时光。

那样不计前路的拼命和酣畅淋漓的付出大概一生只有一次吧，好似把一生的热血和热泪都已耗尽。若非如此，或许她早已回到了当初来的那个地方。

多少年后，即便她已经成功了，可还是会经常梦到校园里那条漆黑无比的路。前路漫漫，未来可期，所有的梦想在那条路上似乎早已显现雏形，让原本灰暗促狭的心被希望照亮。

有一次我开玩笑逗她："晋升成功人士什么感觉呀？"她眼里突然带了泪："这么多年，一直逼着让自己勇敢地走下去，因为真的没有退路，那种拼命努力的气势，在别人看来可能特别励志，特别有意义，只有我自己知道那是在黑暗中被蹂躏太久所不得已的挣扎。"

后来她告诉我，她小的时候，有一天妈妈带她去镇上赶集，走到半路的时候，突然感到浑身发冷，紧接着全身起满了又大又圆的包，特别痒，她害怕极了，不知所措地哭了起来。

可是谁也没想到她妈妈的反应，居然是把她暴打了一顿。她说那一天应该是这辈子最倒霉的一天，她花了很多年的时间都没放下那天的委屈。

她一直都不知道妈妈当时怎么了？现在想来，明白了，妈妈是怕花钱，是穷怕了。钱，真的能让一个人扭曲。所以，上帝要让一个人灭亡，不必先疯狂，先让他缺钱就行了！

这就是她为什么拼命努力，拼命赚钱，拼命要爬到自己想要的位子上的原因。我很欣慰，在那样贫穷的生存条件下，她没有让自己的灵魂扭曲，没有怨天尤人，没有被浮世的物欲蒙蔽了双眼，她选择了一条异常艰苦的路，一路披荆斩棘才从那个荒凉的大山里，走到灯火辉煌处。

在这个世界上，有太多像她一样的姑娘。因为穷，她们更加深刻地明白，钱虽不能带给你一切，但在必要的时候，它能给你应有的尊严，所以努力赚钱是一件特别理直气壮的事情，只要你够努力、够拼搏，眼前所有因贫穷引发的尴尬都会成为人生道路上短暂的插曲。

姑娘，不是只有你在贫困中长大，这个世界上有太多从贫困中走出来的人。贫穷其实并不可怕，可怕的是缺少自强自立的精神，可怕的是“知难而退”或甘愿平庸而导致持久贫穷。要知道意志上对贫穷的妥协，会导致行为上对扭转人生的放弃，最终会让人在庸碌与困顿中挣扎一辈子。

所谓“残酷”，会以最残酷的方式出现

关于人性，关于欲望，关于信仰，亦如人的本质，既不是黑，也不是白，而是灰，宛如繁华都市本来的面目。

池莉说，不是文字残酷，而是生活本身残酷。的确如此，许多年轻的姑娘，刚走入社会就开始嚷嚷生活的残酷无情了。殊不知所谓“残酷”，会以最残酷的方式出现，而你正在经历的一切根本不算什么。

其实这是每一代人都要经历的一个“认知”的过程，因为只有经历了这个过程，你才会明白何为光明，何为黑暗。

在校园里，只要考试成绩好，人格上没有大毛病，基本上就会获得老师的欢心，就会获得由分数决定的奖励。社会则不同，它是人与人竞争的地方，是利益交换的场所，这里的评价标准也不再是分数的高低、人格的优劣。如果你继续将自己从前的校园

标准原封不动地带进生活，带入社会，那么生活回敬你的将不仅仅是嘲讽与揶揄。

社会就是“江湖”，江湖之路本就充满是是非非、尔虞我诈。所以，如果你想立足于世，就必须正视所有的悲欢离合、世态炎凉，包括那些曾让你不屑一顾的龌龊与虚伪。

2009 年有一部电视剧《蜗居》，六六编剧的，虽然电视剧的余温早已散去，但它的故事却每天都在城市里上演。

在我看来女人讲故事从来都是残酷的，这部作品也是，残酷得过于真实。

这是部交织着爱情、亲情、金钱、权力、欲望的作品，逼真且无情地展示了都市“房奴”的绝望挣扎，以及“蚁族”们难以实现的人生梦想——尽管这些人无比勤劳勇敢、无比热爱生活。

面对剧中碌碌无为的海萍夫妇、不愿平庸甘当小三的海藻、有家室却不安分的腐败干部宋思明，你很难用简单的是非标准来判定每个人的选择是否合理，因为大家都拧巴，都扭曲，当然，我说的不仅仅是生存状态，也包括背后的社会环境和情感、价值认知。

其中一个情节让我感触颇多：李奶奶用自己的身体对抗着开发商，用自己的身体为儿孙换来了一套需要两个小时公交车程的郊区的房子，虽然这套不大不小的房子在开发商的眼中不值一提，但对于她的后辈却是一笔财富。更具讽刺意味的是，风水轮流转，想当年拥有大上海一条街房产的大户人家的后辈却只能用死来换一套小小的房子，然而，这就是生活。

此外，最为残忍的就是，一个努力的“经济适用男”，在身居高位的男人面前输得惨败。别说这是电视剧，如果放到现实中去，谁能保证不是完败呢？

所以，《蜗居》脱掉都市白领的最后一层衣，露出的不是一个健康美丽的胴体，而是布满伤痕和溃疡的残躯。关于人性，关于欲望，关于信仰，亦如人的本质，既不是黑，也不是白，而是灰，宛如繁华都市的本来面目。

其实，对于已经在社会上混迹了几年的成熟女性，已经不再刻意品味生活了，因为生活已经给予了她们太多的辛酸与残酷。所以，电视剧和文字应该带给她们的是梦想与爱情，一如韩剧，简单却也美好。

不要用自己的无知和自大去搏击生活，生活远比你想象中残酷，它不会因为你的软弱而对你手下留情。物竞天择，适者生存，这是亘古不变的道理。只有适应社会，融入社会，才能真正做到混迹于世，游刃有余，成为生活的强者！

你选择怎样的生活方式

一蔬一饭，一罗衫一青丝，都该精致且美好。姑娘，别让琐碎的环境肆意打乱你的生活，跟着自己的节奏来，找到最合适的生活方式，就会很舒服。

1

你见过夜晚威尼斯碧波上的梦境之舟吗？你感受过清晨高加索山脉上近在咫尺的云朵吗？你感受过费城的热烈，巴黎的优雅吗？你嗅过墨尔本街头巷尾的咖啡香吗？

真遗憾，我都没有尝试过。

可能大多数姑娘都和我一样，做着普通且烦琐的工作，有着平凡不惊鸿的样貌，在熙熙攘攘的人群中朝九晚五，没什么野心，守着自己的工资添衣吃饭，生活里的一点小波澜，都可以让她们惊奇好久。

她们或许只生存于这个世界最小的一个角落里，甚者都没走出几条街。但同时，她们也对外面的世界保持着人性本能的好奇心，只是因为各种借口她们始终没有走出去。

2

我有个朋友在朋友圈里晒晚餐，很棒的家常菜，炖豆角、蒸排骨、凉拌黄瓜，看起来确实诱人，但并不美观。因为盛菜的器皿除了不锈钢盆，就是铝锅，还有一个用来装酱油的塑料碗，一看便看出了主人随意懒散的生活态度。

我对她说，网上几元钱的盘子有的是，你就不能过得精致一些？她不以为意，说自己从来不讲究这些，肉放到哪里都是肉，盘子的用途是装食材，实用、不漏不洒就行。

其实她不知道的是，一盘蘸酱菜放在洁白、镶嵌着金边的骨瓷盘中，都有它不一样的味道，那不是用嘴巴吃出来的，是用心体会到的。

过度追求实用化的人都是这样，直奔目标而去，一切过程中的审美与装饰对他们都没有意义。

3

我小的时候，整日穿着别人给的旧衣服，这其实对于一个已经懂事了的小姑娘来说是一件挺残忍的事情。终于有一天，家里来了位客人，送了我一条带着蝴蝶结和蕾丝花边的裙子，那天晚上，我激动了很久，睡觉时还把裙子放在枕头旁。

可是第二天妈妈就把裙子作为礼物转送给了同事家的孩子，她的理由是小孩子长得太快，也不懂什么好看不好看，穿新衣服太浪费了。

之后，一种莫名其妙的委屈缠绕了我很多年。

这件事的后遗症就是，我每次拿到稿费、拿到工资都要去疯狂购物，我的柜子里至今还挂着好多没摘吊牌的衣服，有了女儿之后更是如此，我没让她穿过一件旧衣服，因为我不希望她和我有一个同样的童年。

4

有一本书叫《往事并不如烟》，其中提及康有为的女儿，记录了康同璧母女的生活。

即使在最动荡不安的日子里，她们还是要按照老礼为章家送来一盆含苞欲放的水仙。“每根花茎的部位套上五分宽的红纸圈。如果有四个花键，那就并列着有四个红色纸圈。水仙自有春意，而这寸寸红，则带出了喜庆气氛。”

大家连连赞叹：“什么东西到了康家人手里，就与众不同了。”

就算去买块豆腐乳，她们都要去指定的商店，用漂亮的铁盒装着。康同璧的女儿罗仪凤还演示着捧着铁盒走路时挺拔清爽的样子，“她捧起装着铁盒的布袋，昂首挺胸地沿着餐桌走了一圈。那神态、那姿势、那表情，活像是手托银盘穿梭于巴黎酒店菜馆的女侍，神采飞扬”。

其中，印象最深的一段对话是：

“章伯伯，你怎么还是一副首长的样子？”

“这不是首长的样子，这是人的样子。”

即使惨烈的日子已经拉开序幕，他依然要活成人的样子。人是什么样子？人就是尊贵的、坦荡的、精致的。

木心先生说，没有审美力是绝症，知识也救不了。现在很多抱怨生活的人，穷的往往只是精神，而非物质。因为没有对待生活的热情，他们把最粗鲁的一面展现人前，殊不知，只追求实用化的结果，会导致越来越平庸，越来越无趣。

所以，别忘了捡起被丢弃的审美，重寻正确的生活方式。

吃一次烛光晚餐，听一场音乐会，买一束鲜花放在家里，都是在向生活致敬，都是一种优雅的体现，都是在以精神的丰盛对抗现实的贫瘠。

生活需要安稳，也需要逃离，只有从鸡零狗碎的物质世界中逃离出来，你才会看得见美的存在。哪怕明天依然什么也没改变，你赢得了这一天的美好生活，你就是胜利者。

无论有没有钱，有没有闲，都要看书喝茶旅行添衣，这才是一个姑娘应该有的生活方式。

一蔬一饭，一罗衫一青丝，都该精致且美好。姑娘，别让琐碎的环境肆意打乱你的生活，跟着自己的节奏来，找到最合适的生活方式，就会很舒服。

写给低迷期的姑娘

不要因眼前的失意而使脚步凌乱不堪，忘记自己最初的梦想，忘记人生所应有的热度，你要知道人生总有低迷期，你不逼着自己走出来，谁也拿你没办法。

有这样一群姑娘，她们不工作，宅在家；饮食不规律，绝食两天再暴食一餐；昼夜颠倒，晚上玩电脑，白天睡不醒，窗帘常年不拉开；情绪低落，对很多事失去兴趣；和外界沟通的唯一渠道就是微信，或是一通订餐电话；习惯把事情拖到最后一刻；感受不到生活的意义，也看不清自己的未来。

她们的亲友很着急，可不论怎样苦口相劝，似乎都不能撼动她们分毫。她们只会安静地听着，不顺从也不反驳。这种充耳不闻的态度，让人更加着急。

她们的窘境在别人看来，完全源于她们自己的懒散——明明只需要一点意志力，生活就会完全不一样。

她们为什么把窗帘拉得严严实实，生怕看到一点阳光？她们为什么宁肯睡在垃圾堆上，也不愿意起身打扫房间？这说明了什么？说明了她们真的不堪重负了。

对于眼前的现状，她们也很想振作起来，这种愿望强烈到有时候，她们觉得自己要爆炸了。可她们就是做不到，身体好像被捆住了，虽然手脚俱在，意识清醒，但却不能动弹，无法挣脱。

是的，她们是真的病了，病在了人生的低迷期。她们在人生的低谷中，几经挣脱，精疲力竭，终于让自己的整个精神世界沦陷了。

然而，一切真的就这么无法改变、不可逆转吗？

我一直很喜欢“否极泰来”这个成语，当你走到人生的最低谷的时候，其实正是上升的开始。可是如果你在命运的蹂躏下，只知逃避消沉，不肯面对现实，幻想着也许有一天，一切会自行好转。那你永远也等不到“泰”的到来。要知道闭上眼睛，悬崖依旧存在，所以你必须强迫自己面对一切。

她们走不出困境，最根本的原因就是她们的精神世界太脆弱了，她们害怕被生活所伤害。

置之死地而后生，强迫自己面对的过程其实就是一个“死”的过程。亲爱的，我在等着你涅槃，我在等着你重生，我知道你精疲力竭，但还是请你全力一试。

我身边有个姑娘，在失恋又失业的情况下，整个人都蔫了。整整一个月都没出过门，她的室友很担心地给我打电话，让我去看看她。

当我看到她时，她一脸麻木，头发凌乱不堪，给我开了门后，又窝在了床上。

我对她说："我把你的朋友圈屏蔽了，你知道吗?"

她似乎有点诧异，我竟不是来安慰她的。

摘掉了以往的韩式睫毛后，她眨着短短的睫毛小小的眼睛问我："不就卖个韩妆吗？我也没有天天发。"

我对她说，就是因为你没有天天发！三天打鱼，两天晒网。今天卖面膜，明天卖打底裤，后天又卖澳洲保健品。有一次我问你这个保健品适合多大年纪的人吃，你都答不上来，所有的东西都是一知半解，特别不专业！

我崇拜所有领域活儿干得好的人，那些天天发自己产品的人我从来不屏蔽。你的心思都放在哪儿了？那个同样不知进取的男人身上吧，他一走你连仅有的努力都做不到了，还连带着把自己也逼到了死胡同，你有多久没出门没见阳光了，你记得吗?

在PS（图像处理软件）普及的时代里，我们镜里看是花，人前看就废。可生活不一样，如果你不努力，你没勇气，那怎么看都是废。

见识的浅薄、思维的狭隘，都使你的精神世界脆弱得不堪一击。比起腰间的赘肉、脸上的雀斑、头顶的疏发，思维的困局才是最可怕的。

其实身处低迷期迷茫抑郁的姑娘，除了不够努力外，常常拥有一些很优秀的品质。她们敏锐、感性、善良，富有创造力，不满足于平庸，对生活品质有很高的要求。她们相信美好，相信人性本善，相信只要一切做得正确，世界就会色调明快，笑容灿烂，结局美满；挺过黑暗，前途必然光明；关键时刻总有人伸出援手，扭转乾坤……这些都是我们从小接受的教育，应该没有错。可是光有这些，而缺乏判断现实世界的问题以及解决这些问题时所需的耐心和勇气，一切都归为零。

因此，你必须努力一点，再勇敢一点，才能不被生活所拖垮。

我们最后过上的，都是与自己内心相匹配的生活。所以请投入全部精力去思考，并谋划自己的将来。不要因眼前的失意而使脚步凌乱不堪，忘记自己最初的梦想，忘记人生所应有的热度，你要知道人生总有低迷期，你不逼着自己走出来，谁也拿你没办法。

Chapter 4

独立与格局，能成就女人一个未来

空窗期，你该干什么

你要知道，有人住高楼，有人处深谷；有人光芒万丈，有人庸庸碌碌，世人万千种，你属于哪一种，都是你单身时的选择。

前些天，去了一个正在休产假的朋友家做客。她招待我坐下后，就边做家务边陪我聊天。

她脸色十分不好，有些油腻的头发被胡乱地扎成一个马尾，穿着肥肥大大的睡衣，有些粗糙的手紧紧地握住拖布杆，来回地搓着地上的一块油渍，一不小心手肘撞到了桌子，连累桌上的两个玻璃杯摔下来碎了一地。她怔了一下，眼泪止不住地落下来，我慌张地过去看看她手臂破没破，朋友摇了摇头，“放心，没事，我只是太累了……”我环顾了一下这个小房子，沙发、茶几、榻榻米上到处都是衣服和杂物，角落里堆着还没来得急收的垃圾，厨房的水池里，还堆着满满的锅碗瓢盆，油渍和食物残渣到处都是。

哭完后，她跟我讲了那个下了班只会打游戏的懒男人，和那个只会挑剔从不帮忙的婆婆，以及她对生活的失望，对过往的悔恨。可我却从她那厌恶的神情中，看到了几年前才失恋不久，就死死抓住她口中一无是处的丈夫的那个傻姑娘，那时的她多么迫不及待，多么急切地要摆脱一个人悠哉自在的安稳日子。

说到这里我又想起了我的一个同事，她是我们单位的策划大师，总能做出标新立异的选题。她每段感情结束后，都要给自己留出半年的空窗期，用这段时间让自己沉淀下来，反省自己，完善自己，她把这叫作修行。

每当我们发现她精彩的文案不断爆发，选题及时上交，自动自觉地加班，研究项目，参加培训课程，那么她一定是失恋了。当然，修行期一过，她又会投身到她的花花世界里去，并且这次的男人素质一定会比上一次的高。

我亲爱的小姑娘，别再拼命挣扎，急着跳出单身这个圈子，你要知道，单身才是最好的状态，它可以让你毫无后顾之忧地去打拼、去奋斗、去为自己增值。世人生性凉薄，别被镜花水月迷了眼，你能依靠的只有你自己。生命本就是一场势均力敌的较量，你在征途的这一端潜心修行，那一端必定会有一个更好的人向你奔赴。

我刚上班的时候，工资少得可怜，一到月末就提心吊胆的，生怕哪个不开眼的同事提出来要出去聚餐，更怕结婚生孩子过生日的。有一次距离开工资还有一个礼拜，我揣着一百块钱，每天靠凉拌面、方便面和挂面度日，因为淀粉摄入太多，我反而胖了两斤，结果大家都以为我日子过得挺滋润，只有我自己知道我在超市研究一包清风卷纸和一包维达卷纸的克数和价钱究竟差多少时有多落寞。

后来，我花了很长时间反思，我为什么会这么穷？

行业经济效益差？老板小气？主管苛刻？都不是。我之所以会穷，是因为我根本没有创造多大价值啊！所以，我既没本事跳槽，也没资本跟老板谈涨工资，我甚至失业后都难以找到下一份工作。

在意识到自己究竟有多差劲之后，我不得不为自己充电了。当周围的人花前月下，浪漫旅行，各种晒恩爱时，我只能暗暗为自己加油，告诫自己那些属于自己的美好都远在未来，如果不努力，未来永远不会来。

姑娘，如果你今天仍然单身，日子过得紧紧巴巴，那么恭喜你，你现在有大把的精力和理由来为自己增值了。这段时间不会太长，一定要好好把握住，如果等你发现时光它是个贼，它早已偷走了你所有改变人生的机会。

在这个世界上，有些事只能你一个人做，比如努力，比如拼搏。

只有你一个人奔赴战场才能了无牵挂，才能所向披靡。

如果一个人的日子，你只是每天看几集电视剧，紧盯着朋友圈的更新状态，那么几年之后，你只能守着一个平庸的男人，住在狭窄昏暗的房子里，继续羡慕着电视剧里的精彩人生，感叹别人的幸福生活，然后在岁月的沉淀里慢慢沉沦。

这种关于未来的设想，你是不是该一巴掌把它打落在你年轻的生命里？

你要知道，有人住高楼，有人处深谷；有人光芒万丈，有人庸庸碌碌，世人万千种，你属于哪一种，都是你单身时的选择。

安全感是自己给自己的

那一天，我们将以自己的力量平稳地站在大地上，那是属于我们自己的安全感，不必再害怕它消失。

女人总是爱用一些虚无缥缈的东西来作为生活的尺牍，比如安全感。这是一个无法称斤两、测深浅、量长短的“东西”，却偏偏被女人们视为对生活诸多层面定性的重要指标。

然而，在这个世界上安全感的缺失，似乎是再平常不过的事情了，连才华横溢的张爱玲都是如此，不然又怎么会写出这样的文字：“也许每一个男子全都有过这样的两个女人，至少两个。娶了红玫瑰，久而久之，红的变了墙上的一抹蚊子血，白的还是‘床前明月光’；娶了白玫瑰，白的便是衣服上的一粒饭粘子，红的却是心口上一颗朱砂痣。”可见，安全感缺失的结果便是情感上的患得患失。

这种“患得患失”最终会使女人惶恐不安，辗转难眠，所以才会有那么多女人都在说同一句话：“他让我没有安全感。”殊不知安全感并不是别人给的，而是自己给自己的。

世间的男女本是陌生人，陌生人之间的聚散离别都是正常的事，即使有了孩子也不代表你们的婚姻有多牢固，不过是多了一层责任。所以说，无论如何女人都要独立与自信，即使没有男人你也一样能过得很好，而这个“好”包括精神也包括物质。

不可否认，我们的周遭仍然是一个男性占主导地位的环境，传统的价值观让大部分的女性仍然习惯在男人的背后做一个贤妻良母。在这样的组合下，男人是家中的主要经济来源，自然占到了绝对的优势地位，女人的生活重心都是围绕男人，认为相夫教子才是本分。

久而久之，婚前的美女熬成了婚后的黄脸婆，虽然辛苦持家，但自己一手打造的好男人未必领情。即便是他真的安分守己，忙于自己的事业，可你每天围着灶台团团转，你又怎会甘心？他每天忙于各种应酬，你又怎会安心呢？

所以说，当你选择了依附男人生活的那天起，你就已经和安全感说再见了。

我有一个朋友，是一个特别精明能干的女人，白手起家，创办了自己的广告公司，生意越做越大。但结婚后她却热衷于贤妻良母的角色，把公司大权交给了丈夫，说是要做一株柔情似水的青藤，幸福地缠绕在丈夫这棵大树上。

然而，随着大树越来越枝繁叶茂，青藤却越来越患得患失，她常常不问缘由地审问丈夫，甚至监视丈夫。这让丈夫很是苦恼，终于在一年之后提出了离婚。这时她才恍然大悟，女人应该与男人做连理枝，一同生长，切不可成为依附大树的青藤。

不少女人为了把丈夫培养成参天大树，甘愿牺牲自我，放弃事业，洗手作羹汤。可当她们欣喜地看着大树日渐枝繁叶茂，却也看到了自己待枯的枝蔓，于是不安与怀疑滋生，安全感消失得无影无踪，最终把自己和男人逼到了婚姻的死胡同。其实，与其埋怨男人薄情寡义，抛弃糟糠，不如问问自己："为什么自己没能成长成一棵大树?"

如果一个女人能够成为一棵沐浴阳光、不畏风雨的大树，时刻保持着一份迎风的潇洒与畅快。那么，还有谁会让你缺乏安全感呢?

独立与尊严本就连在一起，如果你不独立，又怎么能在他面前理直气壮地提"尊严"二字，没有了尊严，就会越发地感觉自己渺小，失去了安全感，你又怎会快乐?

不要在最能吃苦的时候选择安逸。其实男人女人都一样，努力过后，拼搏过后才能真正享受到属于自己的那份安稳舒心。都说女人容易没有安全感，为什么？就是因为她们没有努力去拼搏，而是选择了依附男人。依赖一旦产生，精神上也就失去了自由。

即便你是个女人，也该好好打拼。别以为自己年轻貌美，就有获取安全感的那份自信；也别因为自己40岁，就患得患失，惴惴不安。其实我们身边有太多出色的太太们，她们虽已趋向中年，却魅力不减，牢牢抓住丈夫的心，事业和生活两不耽误。可见，女人幸不幸福，不是取决于男人爱不爱你，也不是取决于肤浅的年龄，而是你自身够不够优秀。

我承认这是个看脸的时代，面子能为你降低门槛，能让男人一时留在你身边，但里子却决定了你的事业成败，决定了你的婚姻幸福与否。

姑娘，在没有安全感之前，请继续努力下去，努力过好自己的人生，相信总会有发光的那一天。

那一天，我们将以自己的力量平稳地站在大地上，那是属于我们自己的安全感，不必再害怕它消失。

请相信，我们总会有那么厉害的一天！

他其实没那么喜欢你

那个没有那么喜欢你的男人，你得感谢他让你成长，逼迫你放弃，没有因为爱得猛烈以至于耗费太多精力，错过了人生更重要的事。要知道学业、事业、家庭，这些才是撑起你人生的支点。

美国有一部电影《He's Just Not That Into You》（《他其实没那么喜欢你》），值得每一个女人去看一看，无论你是热恋、单恋、苦恋抑或失恋……

电影的开头，很有意思。

从非洲某部落的土著，到纽约高级餐厅里的摩登女郎；从体态臃肿的中年妇人，到魔鬼身材的窈窕少女，世界上几乎每一个角落里，都有女人在问："他为什么没有给我打电话?""他为什么不来找我?""他为什么突然失去了联系?"

然后，就在这样的女人身边，总有一群劝解她的死党。她们总是安慰着“他这样做只是因为太爱你了”“也许他自卑”“也许他害羞”“也许他不知道怎么联系你”“相信我，他一定是喜欢你的”……

女人们只是想着让她们的好友开心点，却很少想该怎么让她清醒点。

事实是，他只是不想找你而已。

如果一个男人真的喜欢你，他会动用一切力量去找到你；他如果真正喜欢你，即便是海啸、地震、世界末日，他都会义无反顾地来到你身边，所以别再为他找借口，“他很忙”“他知道错了”……

他很忙，你也不轻松，这个城市里有谁不忙？

他知道错了？男人永远都知道错了，如果你不聪明起来，那么他永远都会错下去！

所以，作为女人你必须聪明起来，别被假象迷惑，也别轻易为婚姻献身。在社会上，有很多从校园里走出来的情侣，毕业后就住在一起，一起奋斗。几年过去了，女孩已经成为了女人，想结婚了，可男人却总是有借口：

“现在买房子还很困难，经济条件还不允许，我不想委屈你。”

“我爸妈说现在结婚太早了，还是等一段时间吧。”

“咱们现在这样多好，结婚太麻烦了，过段时间再说吧。”

过段时间，又过段时间，直到他提出分手，你才明白，原来他没有那么喜欢你。

如果他喜欢你，他会想跟你结婚，会许诺给你一个前路可知的未来，并且会为这个未来去打拼。可他没这么做，原因是什么呢？你苦思冥想了好久，给了自己这样一个答案：也许他太爱我了，害怕不能给我一个好的未来，所以才不肯跟我结婚；也许他现在只想着奋斗和打拼，不想耽误我，才不肯跟我结婚；也许他父母不喜欢我，而他又是个孝子，所以才不肯跟我结婚，也许……

有那么多的也许，你有没有想过也许他并没有你想象的那么喜欢你。

姑娘们，如果你身边的男人经常无缘无故地消失、手机关机；经常在你逛街的时候喋喋不休地阻拦你“扫货”；经常在你面前偷偷摸摸地看短信、接电话；经常在你试了八遍衣服的时候，都装聋作哑不肯付款；经常舍不得请你的闺密们吃饭给你撑面子。那么，请立刻分手，他并不喜欢你，你跟这种人耗不起。

“人贵有自知之明”，可见还是古人有慧心。既然他对你没多少留恋，那你就让他走吧，又不是没有前方。男人和女人都可以在玩味感情的过程中习得经验，习得果断，习得舍弃，习得把握。所以，你完全没有必要为“他其实没那么喜欢你”而黯然神伤，因为这句话的潜台词也是“他其实没那么值得你喜欢”。

前阵子有部网络剧特别火，叫《太子妃升职记》。

那里面有个角色特别让人心疼，就是男主角的青梅竹马——映月，虽然她是个心机极深的姑娘。

整部剧里，她是唯一一个认认真真在宫斗的姑娘。为了爱情，各种招数轮番上阵，结果爱她的和她爱的都没能留下来。一切的错误其实都出自于“他没那么喜欢你”，如果当初你安安分分做个白莲花就可以享受爱情了，怎么还会有后来的不堪。

可见，面对没那么喜欢你的男人，你唯一该做的就是放手，因为这种男人只会将你对爱情的执着变成执拗。

我在从作者转型做编辑后，认识了一个特别有才的姑娘。我为她量身定做了一个选题，那书一上市就表现不俗，销量排名靠前。可惜，后来她再没写出一本书来。

圣诞节时我给她发微信：

“每年的圣诞节，我都会想起你答应给我的稿子。”

“那算啥，我前任男朋友，还说圣诞节会娶我呢！”

这个姑娘本来是很有前途的，可惜为了一个不想结婚只想恋爱的男人，断送了太多。本来应该借第一本书的风头，趁势而上，马上操作第二本，但是她当时根本没心思，而是一心谋划着怎么把男朋友抓进婚姻的围城里。结果惨烈得很，男友厌烦了她每日的碎碎念，并移情别恋。

后来，这个失了恋的姑娘离开了北京。她告诉我她受不了两个人一起走过的街道，一起吃过的饭馆，一起逛过的商场……这座城已经充满了他的味道。如果说离开一个人是撕裂胸口的皮肉，那每日回顾两个人在一起的场景，就等于每日拉扯着伤口，始终无法愈合。

爱上一个人，注定融入一座城。这个人在的时候，即使迷失在荒凉的街道也可以随时感受到这座城市的善意。可如果这个人离开了，那这座城市越繁华你就会越寂寞，即使灯光璀璨，你依然觉得面前一片黑暗。

所以她落荒而逃。

文化圈子里的人，离开北京是很难活的。可她宁愿在老家做一个整日端茶倒水写报告的文员，也不肯回来了。

有些人惊艳了你的时光，带给你很多很多的美好，但却没陪你走到最后。是的，他将爱情给了你，将婚姻给了她。你可以为他找一百个理由，但却始终无法忽视最残忍的一个——他其实没那么喜欢你。他只是喜欢被你喜欢，偶尔对你温柔，只是怕你不够喜欢他，怕失去被你爱慕的那份虚荣。就像狗跑远了，主人会喊一句“宝贝，回来”一样，其实你比谁都清楚。

“He’s Just Not That Into You”，不过是一句台词，可是令许多初次听到这句话的女人，心底都会像是被什么东西击中一般，静默良久。因为这句话似一把短剑，伤了很多女人的自尊。即使“他其实没那么喜欢你”，也没什么大不了。傻姑娘，去谈一场新的恋爱吧。

那个没有那么喜欢你的男人，你得感谢他让你成长，逼迫你放弃，没有因为爱得猛烈以至于耗费太多精力，错过了人生更重要的事。要知道学业、事业、家庭，这些才是撑起你人生的支点，正如美国前国务卿鲍威尔说过：“我认为人生应该有四道试题：学业、事业、婚姻和家庭，只有平均分高才能算及格，切莫将太多的精力，用在其中任何一道题上。”

功利的世界，该以什么姿态走入婚姻

你该在经历过爱情，经历过奋斗，经历过人生的变数以及缘分的安排之后再去思考婚姻，再以“功利”的心去核算婚姻，这样的婚姻才能长久。

晚上和一帮没多熟的朋友吃饭，席间烟酒浓烈，有个十分水灵的姑娘，化着浓重的烟熏妆，妖娆且美好，应该毕业没多久，却一直在抱怨上班有多累，想赶紧找个金龟婿嫁了，这样好出门坐宝马在家做太太，问我有合适的没有。

我想问她隔壁老王合适吗?

老王，刚过三十岁，奋斗型人才，标准暖男。可是他的缤智坐着可没宝马舒服，她便作罢。

我说别的没有了，她很遗憾，告诉我明年必须得把她自己嫁出去。我观察她，纪梵希的散粉已经遮盖不住 27 岁日益暗黄的皮肤了，兰蔻的小黑瓶也改变不了皮肤趋向松弛的悲剧，还有娇兰的御廷兰花也无法拉紧她那渐渐下垂的眼角……其实我特别想问问，是不是范思哲的香水也掩盖不了从你内心散发出来的市侩与幼稚的味道呢？

我隔着厚重的烟雾看着她那失真的脸，突然觉得餐桌上可爱的生鱼片变得异常腥臭。

唉，这个世界上的事，要是真的都能那么简单该有多好，爱情与婚姻本就是一件势均力敌且机关算尽的事，不是说遇到多金俊俏的你就赢了。思绪从眼前那盘柠檬焗排骨上收回来，我忽然想跟她讲讲这个世界的多变与复杂。

婚姻为什么要机关算尽？这不是把神圣的婚姻挂上了功利的招牌吗？婚姻为什么又要势均力敌？男人不是本就该比女人强大且让人有所依靠吗？

姑娘们，如果你这样问的话，那么我很遗憾，你的头脑并不清醒，起码不足以应付婚姻。

这个世界上的绝大多数男人，都是善于计算的精明人士，如果你在爱情中缺乏了对成本的判断和评估，那吃亏的无疑是你自己。所以，现在不妨让自己安静下来，仔细分析一下为了这场婚姻，你要付出多少，最终又能收获多少。千万别觉得这是小人之举，因为不“小人”，你永远也猜不到与你朝夕相处的那位，有多理智，有多会精打细算。

婚姻，是一个女人的宿命，也可能会成为这个女人的整个世界。在婚姻里，女人总是竭尽全力去付出自己的爱。对丈夫，对孩子，对父母，女人所要付出的要远远高于男人。所以，一旦结婚，女人就变成一个给予者。而你付出多少，失去多少，都是成本。

当婚姻要结束时，女人不管是出于情感还是理智，都很难放得下，因为已经付出了太多。关系一旦结束，之前多年的经营就会血本无归。另外，自己的情感、年龄、财产都成为二手折旧物品了，很难再找到一个各方面条件都不错的好男人了。可见，婚变对于女人而言，成本太高了，而这也是大多数女人宁愿委曲求全也不愿离婚的原因。

可男人则不同，他们大多是婚姻的索取者。因为婚姻对于他们而言更像是个后勤站，源源不断地向他们输送着干事业的动力。我们经常能看到女人为家庭、为孩子而牺牲自己的事业、朋友和青春，可男人却很少能做出这样的牺牲。

所以，姑娘，别那么着急把自己嫁出去，结婚之前先去努力把自己变得更好吧。你要记住，你与他不必门当户对，但必须旗鼓相当，如果你们的差距太大，你一直在仰望身边的男人，那你的一切付出都会变得理所当然，不值一提。只有你们两个人创造的价值对等的时候，你们才平等，你的付出才有人看得见，你也才有资格要求他与你共同付出。

再者，都说婚姻是围城，可见婚姻本就不是为了争取自由而存在的，一个年轻的灵魂过早地被束缚在琐碎的生活中，怎么能够不煎熬？这当然不是婚姻本身的错，而是女人没有意识到婚姻的成本，盲目地就走了进去。

人生的经历还太少，却早早地将自己固定在僵化的模式中。在还不知道自己到底想要什么的时候就开始了自己的下一段人生，实在不是明智之举。青春之所以美好，就在于它本身蕴含着无限的变化和希望，而没有尝试过这一过程的，多半会在很晚的时候补上，但那时，付出的代价就太大了。

在婚姻中，女人到底要付出多少成本；在婚姻失败时，女人又会损失多少成本，这都是我们在情感历程中最容易忽略的问题。从现在开始，让自己聪明起来，为自己的下半生做足打算，同时也不要太盲目地过早结婚，这才是女人获取幸福的最终原则。

姑娘，你该在经历过爱情，经历过奋斗，经历过人生的变数以及缘分的安排之后再去思考婚姻，再以“功利”的心去核算婚姻，这样的婚姻才能长久。

这个时代需要的是辣妈，不是大妈

不要放弃自己的梦想，也不要脱离时代的节奏，曾经那个闪闪发亮的你，才是孩子最好的榜样。

孩子出生已经一年了，你换下了高跟鞋，穿上了跑鞋，不再喝茶，也不再喝酒。那些曾经和你在职场上共同奋斗的朋友，你渐渐退出了他们的圈子。那些曾经视你为眼中钉的对手，不再把你放在眼里。从不回忆过去的你，开始无限怀念以前的生活，那时的你闪闪发亮，牛气冲天，特别美丽。

现在的你，觉得朋友聚会已变得十分乏味，不如在家逗孩子玩儿。

现在的你，扔掉了牛皮小方包，挎上了超大妈咪包，里面塞着满满的湿巾、纸尿裤、奶瓶、保温杯……

现在的你，告别了轻奢风，连奥莱都懒得去，每天盯着的都是淘宝爆款，还有从前不屑一顾的ZARA、H&M，仿佛只有它们素到骨子里的百搭风，才足以让你应对手忙脚乱的生活。

现在的你，再也适应不了呼朋引伴的生活了，因为你不知道孩子什么时候会拉、会尿、会想睡觉。

现在的你，只欣赏清汤寡水的断舍离，对金钱与事业的欲望越来越少。从前面对老板的许诺，你只有一句话“我想要的，现在就要”，现在的你只是安安静静地听着，从不反驳。

你对待这个世界越来越包容，你的接纳能力越来越强。你觉得在名利场上争夺特别累，于是，你终于活成了自己曾经最嗤之以鼻的样子。

一天早晨，你菜还没有炒好孩子就哭了起来，你慌忙地拿着铲子跑进卧室，这时你看到一旁还在打呼噜的丈夫，顿时怒火中烧，边哄孩子边骂他，那时的你显得特别凶狠。

等你再回到厨房时，菜已经烧焦了，这时送快递的又来了，你穿着睡衣，顶着乱蓬蓬的头发开门，心急地拆开快递，仔细检查完最终确认：嗯，这次代购的纸尿裤是正品。

这时丈夫洗漱完出来了，发现厨房一片狼藉，客厅散落着快递包装，看到站在一旁的黄脸婆的你，心情糟透了，下班后也不想回家。

生活，它步步进攻；你，节节败退。

在超市抢购打折食品时，你突然潸然泪下，因为你发现站在一群大妈中的你，毫无违和感。

你曾经以为自己会光鲜一辈子，你曾经以为自己会把日子过成诗，你曾经以为生活里永远不会有洗碗精和洗衣粉，你曾经以为婚后自己必定是个超级辣妈，谁又想到一不小心就变成了大妈。

曾经很喜欢美剧《绝望的主妇》里的Lynette，那是个坚强得让人心疼的女人，为了家庭和孩子，她放弃了自己如日中天的事业，开始了漫无天日的相夫教子的生活。

习惯了穿着精致的职业套装在文案堆里打拼的她，不得不换上松松垮垮的衬衫，顶着乱七八糟的头发给孩子们收拾玩具、整理厨房、打扫庭院，当然还要照顾丈夫的情绪……然而这一切都还不够，丈夫最后还是爱上了别人。

Lynette："我一直不知道你走了以后，我会是怎样的心情。直到今天你走了，我回家看到你不在，才发现，那是一种解脱。"

与此同时，她也没有得到太多孩子们的爱和理解。

所以说，作为一个姑娘，你得先学会爱自己，让自己容光焕发地活在这个世界上。你要知道，出得厅堂比入得厨房重要多了，这个世界有太多不会做饭的女人，可你见到谁家饿死人了吗?

再者，你和孩子是平等的，你爱他，但你不亏欠他。爱有很多种表达方式，最上乘的是陪伴，最下乘的才是牺牲。孩子，需要的是一个可以陪伴他共同成长的妈妈，而不是以自我牺牲为标榜，苦大仇深督促他学习的鞭策者。

不要放弃自己的梦想，也不要脱离时代的节奏，曾经那个闪闪发亮的你，才是孩子最好的榜样。

学会和自己相处

独处并非标志着孤独与落寞，而是一种面对自我时的思索。

我有个朋友，是个营销界的精英，她曾参加过一次单位安排的情商成长课。在现场讲师让大家做个游戏：每人在空旷的教室里找个单独的位置坐下，不能说话，也不能离开，限时十五分钟。

一向爱热闹的她马上行动起来。2 分钟时，她开始四处张望，看同学们都在干什么；3 分钟时，她有些无所事事，摆弄着手机，心里想着丈夫在干什么呢；到了 5 分钟，她突然记起单位有些事情还没做完，开始坐立不安；10 分钟过去了，她无奈地看着讲师，挤眉弄眼地示意能否快点结束这场折磨人的游戏。当时间一到，她发现自己和周围的同学都不约而同地大松口气，教室里立即响起了一片热闹的交谈声，还有打电话的声音，仿佛要将刚才十五分钟的宁静恶补回来。

这时，讲师突然问道：“请大家计算下，刚才的活动中，你们一心一意跟自己相处的时间有多少?”

她的答案几乎是零，这时她才恍然大悟，原来最难相处的是自己。

相比于西方人，中国人更加害怕寂寞和孤独，不懂怎么享受一个人的时光，而且过于在乎别人的看法，总是想从别人那里寻找自己的存在感。为了不被贴上“不合群”的标签，而刻意让身边保持着人来人往的样子。

尤其是女人，她们的情感比男人更为丰富，所以一旦落单了，她们往往会顾影自怜，苦闷异常。大多数的女人害怕独处，不愿意面对被遗忘的处境，总想黏着人，宁愿每天故作小鸟依人，或是陷入吃喝玩乐的应酬中去。

学学《好想好想谈恋爱》里的谭艾琳吧。无聊的假日、空旷的寓所，仿佛到处写满了寂寞。但是却有一个美丽的女人悠然自得地哼着歌在其中穿梭，于是整个氛围发生了质的变化，空旷的房间被悠扬的音乐包围，精致的菜肴、奢侈的红酒摆满整个餐桌，一个优雅娴静的女人坐在桌旁，自斟自饮，享用所有的美味。虽然没有人分享、没有人陪伴，但是从这个女人眼里却看不到一丝的落寞，相反地，她看起来是那么满足和快乐，其实自得其乐并没有想象中那么困难。

独处是完全属于你自己的时间，你拥有完全的支配权，它只属于你一个人。独处时，你可以有很多种状态，可以读一本书、听一段音乐、看一场电影，也可以整理你的衣橱，试遍所有的衣服，或是翻翻旧照片，回忆一下初恋男友等，只要能让你身心愉悦的事，你都可以去做。聪明的女人总能找到合适的方式排解心中的情感，用独处的时光填满被忽略已久的空缺。

每个女人都应该有一个完全属于自己的“屋子”，这个“屋子”就是属于你自己的空间和时间。在这里，你可以做自己喜欢的事情，没有人打扰也没有人责怪。即使你已经习惯了身边的喧嚣、热闹和有人陪伴，也不要将自己的心灵城堡轻易废置，你需要不时地修葺、完善它，从而让自己的内心更为强大，经得住风吹雨打，而独处为你提供了这样一种可能。

人生注定是一段孤独的旅程，独身来到世间，独身离开世界，只有学会独处，才能在寂寞的时候，体会心灵的自由。躲避寂寞，抗拒独处，是一个女人不成熟的表现。你要知道每个人都需要自由的心灵空间，一些静思内省的时间。所以，独处并非标志着孤独与落寞，而是一种面对自我时的思索。

一群人的世界热烈欢乐，两个人的世界温馨浪漫，而一个人的世界宁静深远。适度脱离群体，在没有被打扰的时间和空间里，完全依照自己的意愿来安排这段时光要怎样度过，是一种莫大的自由。如果每天在这种“自由”中，能够做到自律，努力完善、提升自己，做一些别人做不到的事情，这也成就了你自己。

有位作家说过：“谈人，生是非；论事，多争执；情浓，有麻烦；曲高，无知音，故人宜独处。”人要学会与大自然独处，与生命独处，与自己独处。只有学会独处的人，心智才能算成熟。

选择怎样的生活方式是你的事，但前提是让自己快乐，让生活有意义，即使独处也是一样。

你可以不结婚，但不能没事业

唯有工作，才能给你尊严，让你不卑不亢地站到人生的巅峰。

《欢乐颂》里的樊胜美曾经说过：“我们这些外地的女孩子，工作才是唯一的依靠，绝对不可以在没出息的男人身上冒险。”这话虽然凉薄了一些，却也是事实，不管你是不是身处异地。

在现代社会中，生活着这样一些女人，她们综合素质不错，本科毕业，外形可人，性格温顺，小有才艺，对婚姻抱有极大的幻想与期盼，追求简单轻松的工作，始终信奉“干得好不如嫁得好”。其实，在这里特别想提醒这样的小女子，如果你不是“富二代”“官二代”，或是没把握遇到一个绝世好丈夫，那么请重视你的工作，因为只有工作才是你生活的保障。

我的一个大学学妹，人很漂亮，有着一张小 V 脸，大家都叫她小 V。她是以超出重点本科院校 30 分的成绩进来的，可惜她在后来的大学四年无心学业，把时间都用在了逛街、恋爱上。浑浑噩噩到了毕业，找了一份还算稳定的工作，由于没有太强的事业心，工作后的小 V 依旧延续着大学时的生活，每天准时下班，下班后逛街、聚会、交友……最感兴趣的事就是打扮、玩乐，什么学习充电、加薪升职她都不在乎。

27 岁小 V 顺利走进结婚殿堂，丈夫是个“绩优股”，年轻、帅气、有上进心。一切看起来那么美好，而小 V 还像一个长不大的小女孩，工作仍然是朝九晚五，过着她幸福悠闲的生活。

28 岁小 V 升级成为妈妈，一怀孕就辞职回家待产了。

29 岁的小 V 是一个一岁孩子的妈妈，听丈夫的话，完全不想工作的事，安心在家做全职妈妈。

年过三十后，小 V 出现了感情危机，丈夫在家的时间越来越少，跟自己说的话越来越少，说的话也几乎都是围绕孩子和家人。面对这样的情况，小 V 开始对丈夫进行盘查，一开始丈夫还安慰她，给她各种解释，后来干脆不理，直到小 V 发现了丈夫出轨的证据。小 V 本以为丈夫会悔不当初，却没想到他理直气壮地说道：“想要怎么样？想离婚就离。分财产是不可能的，都是我一个人辛苦赚的，孩子你没能力养，也得跟着我！”

听到这些话，小 V 彻底懵了，她本以为坚如磐石的婚姻，就这样碎了一地。而且由于自己对工作的敷衍，她根本没本事从失败的婚姻中逃脱出来。

在最能学习的时候谈了恋爱，在最能吃苦的时候选择了安逸，会有今天的结果也并不意外。一个女人如果做了全职的主妇，那么全家的经济重担就会落到男人身上，男人在事业上不断地努力和学习，业务水平提高了，职位和赚钱能力也提高了，朋友圈子也越来越大。社会进步，男人也在进步，而女人除了年龄“进步”了，还取得了哪些进步呢？

此外，男人有外遇，也真的不全是因为好色，女人也不可避免地要负一定责任。比如说，当男人为事业苦恼时，妻子却把鸡毛蒜皮的家长里短唠叨个不停；男人和她说企业管理，她却说商场的促销；因为压力，男人很困也懒得说话，她拿枕头砸他，他能不烦吗？他再定睛一看，对面的女人，面目狰狞，满嘴恶言，他还能说什么？

所以说，没有事业的女人是悲惨的。她们内心很空虚，无法实现自我价值，更别提成就感，只有日复一日、年复一年地过着。也许某天翻看年轻时的照片，会想起自己曾经也光芒四射过，曾经也接受过良好的教育，也有过梦想。而曾经的朋友现在已经是某个领域出类拔萃的人物，自己却是个闲得发慌的主妇。

而有事业的女人，总是不断地丰富着自己，哪怕是做微商，做代理，那也是她们独立生存的本事，这样的女人和男人，有着更多的共同语言，生孩子对于她们来说，只是一个小小的耽搁。她们或许不如玫瑰般娇艳，但却能像阳光般给人温暖，朝气蓬勃，让人佩服。

女人凭什么为男人生完孩子还要沦为保姆，别忘了，她也曾有过梦想，可是什么改变了她的人生轨迹？如果是女人的决定，那是她的惰性蒙蔽了她的理智；如果是男人的决定，那他一定要为自己的自私埋单。其实不管是谁的决定都说明了一点——女人对自己不负责。

一个女人在结婚前，可以标榜着要找一个什么样的男人，但前提是，你想要找一个好的，你首先也要好，你要是想找个更好的，那你必须更强。所以说，你可以先不考虑结婚，但你不能不考虑你的事业，因为它不仅影响着你将找一个怎么样的男人，还决定了这个男人以后将怎样对你。

现在社会的现状局限了我们的思维，男性比女性更有机会挑大梁，社会角色也被贴上了性别的标签，可是标签背后的本质却少有人看清。其实我们的本质是一样的啊，工作对男人或女人来说一样重要。姑娘，你可以不结婚，但你不能没有事业。唯有工作，才能给你尊严，让你不卑不亢地站到人生的巅峰。

Chapter 5

以『万变』应万变

你脸上的妆，就是你的盔甲

精致的妆容，华丽的礼服，纤细的高跟鞋，就是最坚硬的盔甲，不为别的，就为这不平静的生活中无数次想蹲下来放声大哭时，还可以想到自己的妆不能花，礼服不能皱，高跟鞋不能崴脚。

当网红越来越红，当各种韩妆越来越火，当微整形越来越烂大街，你有没有意识到颜值有多重要？当然，我不是说拼了命地让灵魂跑在前头不重要，但你也得拉肉体一把。要知道肉体配不上灵魂，在现在这个社会，虽不悲哀，但却够悲惨。所以说，除了智慧与善良，你还得跟上时代，不断地让自己更漂亮！

作为一个缺钱且不貌美的姑娘，我对打扮这种事儿并不擅长。

记得第一次穿高跟鞋，是因为那会儿交了个高个儿的男朋友，为了走在一起显得般配些，我一直忍受着不能“脚踏实地”的感觉。后来分手了，我都顾不上难过，赶紧把高跟鞋扔到一旁。结婚以后依旧如此，站在身高 190 厘米的丈夫旁边，我更是毫无顾忌，滑板鞋、运动鞋、渔夫鞋，怎么舒服怎么来。

记得第一次画眼线擦粉底，是因为大学毕业后要去面试，在室友的怂恿下，我差点没用眼线笔把自己杵瞎，索性放弃了。后来进了工作室没日没夜地码字，更觉得没有化妆的必要。那时候，人字拖、运动衣、牛仔裤、防辐射眼镜，才是我们的常态。化妆？那简直是对我们职业的侮辱，有时间描眉画眼还不如想想下个策划怎么做。

直到有一次我去见一个跟了很久的作者。在咖啡馆里，我滔滔不绝地讲了半个小时的话，告诉她我们会如何包装作品，封面海报会设计得如何精致，甚至装帧和纸张怎样做到极致我都说了。可是后来，她一句话令我瞬间“石化”了。她说：“你自己都这样不修边幅，你会把我的作品做得很精致吗？不好意思，我还是不放心把作品交给你。”

然后，就没有然后了。

我只记得尴尬得满脸通红的时候，仔细看了看她，发现她虽已人过中年，却把头发染得乌黑柔亮；金丝边的眼镜显得格外有气质；脸颊上抹了一层淡淡的粉底，既显得气色尚好，又十分自然；两弯细眉，被勾勒得十分精细；唇上抹着淡红色的唇膏，使整个人都容光焕发。

我终于明白了，自以为舒服的打扮，在别人眼中，就是对自身要求的不严格。从那以后我开始研究各种美妆教程，学着给自己化最简单的妆容，想尽办法修饰自己的面容，考虑每日的服装搭配。

虽然这些并没有让我变得多好看，但是至少会让人感到自信、专业。后来工作的时间越长，越觉得化妆这个事儿，对女人来说有多重要。

那是一种底气，一种在职场上厮杀的技能，一种关于生存的对抗。

记得《破产姐妹》里，Max 虽然贫穷，却有着不可撼动的乐观和意志。住在破乱不堪的房子里，在充满油渍的餐馆打工，不敢买新衣服，生了病不敢看医生……可即便在那样的环境里，她却依然保持着好看的样子，口红用完了没钱买新的，就用发卡挑出来接着涂在嘴唇上；高跟鞋断掉了，就用胶带粘起来继续穿；没有钱去理发店打理头发，就自己学着用胶水做造型……

Max 用精致的妆容，将所有苦难化作对生活的调侃，将所有恐惧化为对生活的反抗。

还有那部经典影片《穿 Prada 的女魔头》，女魔头离婚后，躲在酒店的床上号啕大哭，让人觉得，这女人总算是垮了。可是，第二天打开门，她依旧是那个被粉底、腮红、唇膏、眼影雕琢到极致的超级女强人，气场强大到爆棚。

对于女人来说，精致的妆容，华丽的礼服，纤细的高跟鞋，就是最坚硬的盔甲，不为别的，就为这不平静的生活中无数次想蹲下来放声大哭时，还可以想到自己的妆不能花，礼服不能皱，高跟鞋不能崴脚。

所以说，不管昨夜多么惨不忍睹，第二天你都要让自己看起来神采奕奕，然后若无其事地继续在职场厮杀，因为你已经有了最坚硬的盔甲。

我有一个朋友，终日蓬头垢面，刚满 30 岁站在大妈中就毫无违和感。我送给她好多化妆品和美妆杂志，可她根本不屑一顾，跟我说天天照顾两个孩子哪有时间弄那些。

她的第一胎是个女儿，为了再生个儿子吃了好多苦，好在如愿以偿，从此辞了工作安心在家照顾孩子。每当我劝她收拾自己的时候，她都反过来劝我趁着年轻再要个男孩多好，不要整天把精力都放在那些没有用的事情上……

追逐梦想的女人，居然被只会传宗接代的女人鄙视了。因为生活圈子不同，我们最终走在了两条不同的人生轨迹上，甚少联系。

姑娘，越艰难的时候，就越要让自己体面，让自己光鲜亮丽，因为这才是你无坚不摧的资本。职场上受点委屈是常有的事，但要记得转过身就要去洗手间，补上粉底，涂好睫毛，擦上口红。要知道，你的妆容，就是你的门面，它不仅给了你自信，也给了别人不敢轻易招惹你的威慑力。

保持身材，不管你今年几岁

亲爱的，这是个刁钻的时代，你要克服这个时代对女人的所有苛刻。

年后，胖了不少的我本想去健身房跑一次马拉松。可是只过了半个小时，我的步伐就越来越沉重了，随之毅力也全线溃败。正当我瘫倒在休息区的时候，从不远处的跑步机上下来一个女人，然后两个小男孩跑过去喊她“妈妈”。

我很惊讶，这个有着 A4 腰、马甲线清晰、皮肤紧致的姑娘，居然是两个孩子的妈妈。

她身高 167 厘米左右，体重不超过 100 斤，腹部已练出了优美的马甲线，既优雅又有朝气。她边安抚孩子，边在电话里讲了工作内容，显然不是全职主妇。她拿着手机，手机的金属漆和她身上的汗水，在灯光下折射出耀眼的光芒。

此时，望着自己腰部松松垮垮的赘肉，反省了一下自己过于平淡的气质，我很自觉地爬上跑步机，咬着后槽牙又跑了半个小时。

曾有研究结果表明，在欧洲，越富有、越事业有成的人，身材越苗条越逆生长。随着经济的发展，人们视野的开阔，这一现象在我国也普遍出现，尤其是女人，这一现象尤为明显。

大家觉得，事业有成、家庭和睦的女人一定是日渐苍老、心力交瘁的，因为平衡这两者需要付出惊人的时间与精力。但事实证明，真的有不少女性，把家庭与事业这根平衡木走得无比精彩。她们拒绝早衰，拒绝臃肿，生活的琐碎不会在她们身上留下丝毫的痕迹。

别因为你已婚在职，就有了让自己身材走样、皮肤松弛的理由，你的身材反映的是你的品位和自控力，能控制住体重，就能控制住自己的生活，永远不要相信“即使你胖了满脸皱纹了，爱你的人还会爱你”这种话。要知道这个时代无时无刻都在拼慎独和克制，稍有差池你的生活就有可能面目全非。

在英国有这样一句谚语：“You can never be too rich or too thin。”意思就是：“钱越多越好，人越瘦越美。”优美的身段，对男人是诱惑，对女人是恩赐。如果你没这份恩赐，那就要自己去争取。

我的一个闺密，对食物执着了半辈子。她告诉我，以前她和男朋友在情人节时去了一家很高档的自助餐厅，男朋友浪漫地要请琴手拉琴，被她拒绝了，因为她觉得有个陌生人站在她旁边会耽误她吃东西。结果这顿饭以她两块牛扒，三块提拉米苏，无数块生鱼片和几大杯哈根达斯告终。席间，男朋友小心翼翼地提醒她别吃了："看看你的腰，好像又粗了，其他桌的女生可没有这样一直吃的。"

没过多久，她的男朋友就变成前男友了，接替她的是个杨柳细腰的姑娘，每顿饭只吃蔬菜和少量瘦肉，拒绝淀粉和任何甜食。我的闺密难过了好久，她还跑到人人网去看他俩的照片，她本来是抱着鄙视和嫉妒的心去看的，结果那一瞬间她溃不成军。

那是个十分美好的姑娘，穿着白色T恤和牛仔短裙，隐约露出了线条好看的腰，长长的头发扎成了一个马尾，皮肤白净，眼睛大大的，腼腆地笑着。而她身后站着的正是我闺密的前男友，看得出他十分开心。

之后她跟我说，她好像病了，在吃甜甜圈时会看到那个姑娘大大的眼睛；在吃竹笋炒肉时，会看到那个姑娘修长的大腿；在吃阳春面时会看到那个姑娘纤细的腰身，连吃火锅时汤里都映射出那个姑娘清纯的样子……

她终于决定减肥了，终于把吃出来的肥肉，一点一点地还给岁月了。她也有了好看的腰身，清秀的眉眼，纤细的四肢，虽然她还是没有那个姑娘好看，但她的气质变了，变得自信又干练，气场十足。是啊，一个女人如果能一直保持少女时的身材，那她的自控力一定达到了女王的级别。

别再羡慕别人的九头身，也别再羡慕别人棱角分明的五官和紧致细滑的皮肤，这一切，都和你无关啊，你的羡慕与关注并不会让你和她们走得更近。只有自律起来，才能让明天的你增添神采。

“多喝水，早睡觉，吃清淡，常运动”这是每个明星介绍自己保持年轻的惯用语，你以为是敷衍，其实这是事实。

相信我，我用过贵得肉疼的面膜，其实都不及我每天早上床多睡两小时的效果。还有多喝水，它可以促进身体新陈代谢。如果你工作时已习惯了每天喝咖啡，那就换成茶吧，实验证明，茶远比咖啡的提神效果更好。

凹凸有致的身材和水嫩有弹性的皮肤，不仅是 20 岁出头的年轻女孩追求的，更是所有年龄段的女性都向往的，然而，你不能仅把它当成向往，更要付出行动，为之努力，哪怕你已经不再年轻。

不管你是半夜十一点，顶着一头油腻的头发、睁着一双浑浊而毫无神采的眼睛看韩剧，还是和一帮狐朋狗友，麻将声声打到天亮，其间还享用了各种油炸的膨化食品及碳酸饮料，那么请你停下来吧。你还不算老，还有很多事情要做。臃肿的身材只会让你不断地取消约会、厌恶社交、失去朋友、封闭自我。不管你今年多大，都是时候改变自己了。

人的身材和样貌是受意识影响的，外形的变化如同习性的发展，你管理得好一些，身材便也紧致和挺拔一些，气质随之也端庄和有魅力一些。

亲爱的，这是个刁钻的时代，你要克服这个时代对女人的所有苛刻。

读书，是女人一辈子的事

其实每个人都活在自己的“狱”里，既狭隘又无知，只有读书，才能越“狱”。

我小的时候家里住的是老房子，上学之后就拆迁了。当年的那些街坊拿到补偿款之后，做出的选择都不尽相同，因而有了今天不同的局面。

有的人拿钱去买了一间门市，收到的房租从当年的六百元涨到今天的一万五千元，根本不必再为生活费用烦恼；有的人把钱存进了银行，现在每个月拿到两千块钱利息，不得不起早贪黑地打工补贴家用。

问题好像只是出在了有没有意识到通货膨胀等因素上，但却几乎改变了后半生的生活。这在一定程度上也说明了人一定要让自己有智慧，只有这样心胸才能宽广，目光才能长远。而读书，无疑是获取知识与见识的最直接的、最根本的方法。

清醒时做事，大怒时睡觉，独处时思考，糊涂时读书，这才是最明智的生活方式。

你不爱读书，所以你看不懂名著，欣赏不了名画；那些价值连城的古董在你眼里不过是破碗碎瓷；那些文化气息浓厚的景区在你眼里既无趣又耗时；在金钱与道德之间你经常摇摆不定，在行与退之间你畏首畏尾。你不知道，其实每个人都活在自己的“狱”里，既狭隘又无知，只有读书，才能越“狱”。

有人会问，女孩子读那么多书有什么用，最终还不是要洗尽铅华，相夫教子。我想，我们之所以对读书如此执着，就是为了即便有一天我们回到一座平凡的城，嫁了一个平凡的人，最终跌入琐碎中去，我们也能让同样的家庭，有不同的乐趣；同样的后代，有不同的修养；同样的人生，有不同的心境。

想想看，你上一次看完一本书是什么时候？你已经多久没买过书了？你的床头除了手机充电器还有什么？

我希望惭愧的你，此时能够反思。

在一个人人标榜努力、奋斗的年代，居然没有人去读书，没有人去思考，那你辛辛苦苦换来的除了那点工资还有什么？经验和对工作的熟练程度吗？那可真没什么好骄傲的，因为你的思维和技能没有丝毫的提升。

每看一本书，就是一次锻炼大脑的机会。不善于阅读的人，是没办法系统性地思考问题的。当然，读书除了能让我们的能力更强之外，还能赋予我们信仰，让我们在人生的旅程上不至于出现太大的偏颇，正如白岩松所说：

“读书读久了你总会信一些什么，信一些什么就有了敬，有了畏，因为信仰我认为最重要的是‘敬畏’二字。有了敬，有了畏，知道什么是最好的我要去做，知道什么是不好的我不能逾越它，就如同社会这条奔腾的大河两边有了安全的河床，敬和畏这两个河床在，不管这条河流如何奔涌，总是安全的。我们现在正处在慢慢建两边河床的过程中。”

法国当代女作家弗朗索瓦丝·萨冈，曾满怀感激之情地回顾了加缪的《反抗的人》。在她14岁那年，萨冈亲眼目睹了一个与自己年龄相仿的小女孩的夭折，她无法原谅上帝竟允许这件事的发生，因而不再信仰上帝，陷入可怕的精神危机之中。恰在这时，她读到了加缪的《反抗的人》，由此发现了一个新的精神世界：尽管没有上帝了，但是还有“人”，你不能信仰上帝，却必须信仰你自己，相信人类的天性，相信人类能够主宰自己的命运。

就这样，她热切地走进这个崭新的精神世界，重新建立起自己的信仰。她由此意识到文学的真正意义，就是帮助那些在人生旅途中迷茫、焦虑的人们飞越精神的荒原与樊篱。

我们现在处在一个被手机干扰得太多的时代，一会儿好友来微信了，一会儿你喜欢的博主发照片了，一会儿各种购物 App 发推送了……你很难安静下来去读一本书，这让我想到曾在网上看到的一句话：玩手机的人就像一个肉墩子矗立在世界上，通过手机感知外部世界的变化。如果真的是这样，我也希望你是一个能闻得到墨香的肉墩子。

三毛说：“读书多了，容颜自然改变，许多时候，自己可能以为许多看过的书籍都成过眼烟云，不复记忆，其实它们仍是潜在气质里、在谈吐上、在胸襟的无涯，当然也可能显露在生活和文字中。”

书不是胭脂，却会使女人青春常在；书不是兵刃，却会使女人铿锵有力。书能让女人千变万化，读书如同化妆，浅一层化妆是改变容颜，深一层化妆是改变气质，所以，姑娘，去读书，去旅行，去生活吧。你脸上的妆跟心灵上的妆比起来，只是一件微不足道的小事。

一个女人，书读得越多，气质就越好，而这份气质是粉底堆砌不出来的。时间久了，女人还会更优雅，更细腻，从骨子里透出高贵的气息。所以说，让阅读成为一种习惯，对于女人来说是多有裨益的。人的一生是有限的，直接向别人学习的经验也是有限的，但是通过读书间接向别人学习则是趋于无穷的。

阅读一本书，我们就可以打开一个崭新的世界，就可以深入一个人的内心，进行一段精神之旅。在这个世界上，唯有知识是无法贬值的，一旦拥有，就会终生受益。所以，闲暇的时候，不妨泡一杯茶，拿一本书，细细品味一番，一定会有许多意想不到的收获。

你若一成不变，男人就会改变

对于男人来说，他们即便喜欢白雪公主里的后妈，也不会喜欢宴会上的女仆，精致与精彩才是他们欣赏的。

这个世界上多数的男人都是贪新鲜的，希望妻子“百看不厌”，这自然也在情理之中。如果女人把男人求婚时的誓言当真了，自己不思进取，那结局就很惨淡了。

上个周末，我和老友视频。这个朋友单身的时候还挺喜欢描眉画眼，穿衣打扮的。网球、厨艺、普拉提更是学不停，硬是把自己清闲的小日子安排得满满的。可是婚后因为琐事太多，慢慢就忽略了自己。

视频接通，我吓了一跳，只见她蓬头垢面地裹在被子里，脸色蜡黄，双眼无神。我看了下表，已经下午 2 点了，她居然还躺在床上。我刚数落了两句，她就哭了。在我的追问下，她告诉我，她丈夫觉得婚姻索然无味，对她十分冷淡，昨天他们大吵一架后，他就走了，一夜未归，她想离婚了。

我说，首先，离婚了你拿什么养活自己，你毕业后就当了家庭主妇，工作经验接近于零；其次，离婚了你住哪儿，房子是他婚前买的，房产证上可没加你的名儿；最后，没多少男人会为了你走样的身材和二婚的身份，月月贡献出一半的工资。所以说，离婚并不是什么明智之举，至少眼前不是。

在中国，很多女人都是温柔贤惠的，并且几十年如一日地温柔贤惠，以为照顾好家就能赢得丈夫全部的爱，其实她们错了，因为她们只顾照顾家，并没有照顾好自己。

人活着，不能像鸵鸟一样，脑袋一低就把头扎进沙土里。有思想的女人，本质就是不安分的，她们随时都保持着跳出角色的警醒和能力。

李敖当年说胡因梦：“如果有一个新女性，又漂亮又漂泊，又迷人又迷茫，又优游又优秀，又伤感又性感，又不可理解又不可理喻的，一定不是别人，是胡因梦。”然后，想尽办法去追她。

可最终两人以离婚收场。媒体采访李敖，说胡因梦那么漂亮，你为什么要离婚呢？李敖说婚后的她，不怎么打扮自己了。被媒体封杀后，更是一度放弃自己，没有从前那样迷人了。

还有曹禺的第一任妻子郑秀，那是真正的名门淑女，可最后两人还是以离婚收场，为什么呢？因为曹禺每天奔波于事业的时候，郑秀不再读书，不再看报，而是凑了一桌子的麻将，天天打不停。日子久了，他对从前的女神日渐乏味，也就散了。

每个男人的内心深处其实都是渴望妖媚多变的女人，因为这样的女人从来都不会令人乏味，她的一些举动会让男人激动不已，而不是遭遇了七年之痒后的味同嚼蜡。

《爱情呼叫转移》中有这样一幕，男人想离婚，女人让他给个理由，男人的理由居然是："你在家里面永远穿这件紫色的毛衣，我最烦紫色知道吗？我讨厌看见紫颜色。刷牙的杯子得放在格架的第二层，连个印儿都不能差。牙膏必须得从下往上挤，那我从当中挤怎么了？我愿意从当中挤怎么了？每星期四永远是炸酱面、电视剧、电视剧、炸酱面。还有，你吃面条的时候，能不能不要嘬着那个面条一直打转转？"

应该说这是非常写实的。女人与男人长年累月都处于一种稳定的关系之中，男人也并没有外遇，一切看起来都十分和谐。然而，说不定哪天，他就会抛下一句"我认为我不适合结婚"便逃之夭夭。但随后，他很可能就会迅速开始一段新恋情。

其实男人变心，除了自身品行因素，很大一部分原因是女人不肯随着婚姻生活的变化而改变。许多女人在走出校门之后，停止了学习，并且变得世俗。当男人将她了解透彻之后，神秘感自然也就消失了。可见，女人如果不变，男人就会改变。

当然，女人完善自己，不是因为害怕被男人抛弃，而是，第一，作为女人，你必须保持女人的优雅；第二，即便离婚，你也不能让男人提出。

对于男人来说，他们即便喜欢白雪公主里的后妈，也不会喜欢宴会上的女仆，精致与精彩才是他们欣赏的。如果条件允许，女人何不把衣服穿好一点，包包买贵一点，喜欢什么运动项目就去报名，别太克扣自己。有品质的女人，才能遇到有品质的男人，才能拥有有品质的婚姻。

在这个现实得有些残忍的世界里，愚蠢的女人只会像一个榨干汁水后被抛弃的橙子。而聪明的女人则不同，永远像一株生机勃勃的植物，春华秋实，枝繁叶茂，每个季节都带有其独特的美丽与芬芳。这样的女人，即使韶华逝去，魅力都不会减掉分毫；这样的婚姻，永远充满着浪漫和惊喜，没有海誓山盟，也能地久天长。

你没价值，你的爱也一文不值

人性本就不纯粹，一个人爱另一个人，一定包含了附加值。所有看似不可思议的爱情背后，都隐藏着顺理成章的逻辑。就像没有价值的你，早晚会失去爱情一样符合逻辑。

我在北京的时候，和一个可爱的姑娘合租房子，那是个明眸皓齿的苏州姑娘。

她有个北京当地的男朋友，是一名建筑师，阳光俊朗，能力不凡，家境富裕。

萌妹子平时叽叽喳喳，话很多，只有看到他的时候才会安静下来，眼睛里熠熠生辉。

她拿出全部的精力来爱他，并以他为傲。他对她也是细致入微，生日节日礼物不断，不管多忙都会抽出时间陪她。让当时形单影只，每天忙到吐的我，着实羡慕了一把。

有一天晚上，我下班回来，看见她正哭泣。我试图安慰她，可却阻止不了她肆意流淌的泪水。

接下来，她在哽咽中断断续续地跟我讲述了她的爱情。

原来，今天萌妹子的男朋友，终于通过层层关卡，考入了BIAD（北京市建筑设计研究院）。当她正为他高兴的时候，他却提出了分手。她以为他薄情寡义，跑到他住的地方闹了很久。

他没办法，只好告诉了她原因。

原来他的父母因为萌妹子不是北京本地人，一直不大同意他俩在一起。他本来打算等她成长，等她强大。可是他们在一起两年了，这两年来她一直不思进取，只想在办公室印印文件，聊聊八卦，眼看着和她一同进公司的人都晋升了，可她依旧安稳地混日子，他越来越看不到她的价值。

而这两年里，他一直在努力，一路披荆斩棘，从助理做到经理。那个在原地停留了太久的姑娘，已经不值得他爱了。

其实这两年，萌妹子一直以爱情为重心，她虽也想过晋职加薪，但为了照顾男朋友，每日到点就奔菜市场，从不加班。做好饭还要坐一个多小时的地铁送到男朋友单位，陪他吃完，再疲惫地回家。这么久以来，她除了厨艺突飞猛进，其余毫无长进。

我不知道怎么安慰这个傻姑娘。

你顾念了他，可谁顾念了你呢？

他嫌弃你不思进取，他嫌弃你的生活圈子苍白又无趣，他甚至嫌弃你的嘘寒问暖。你以为你们要携手走入婚姻的殿堂，谁曾想当初的美好变得如此荒唐。

可他错了吗？他并没有错。因为你没价值，你的爱也一文不值。

来自英国贵族家庭的真正名流亚瑟·卡伯爱上香奈儿，一定不是因为她出身卑微且在当时被视为异类，而是她对时尚敏锐的捕捉能力和创造能力让他着迷；年轻英俊的扬·安德烈爱上66岁的玛格丽特·杜拉斯，一定不是因为她是巴黎街头酗酒暴躁的老太太，而是因为她是龚古尔文学奖得主，暴烈的脾气在惊动天下的才华面前，不值一提；戴笠遣散了身边所有的女人，不计一切地要娶胡蝶，一定不是因为她是有过两次婚史且带着两个孩子的母亲，而是因为她是电影皇后，有着席卷票房的能力。

爱情，拆解开来看，除了情感的慰藉，还有自身的价值。不管这价值是显赫荣耀的身家，卓越非凡的智慧，万人倾慕的容颜，还是特立独行的气质。

人性本就不纯粹，一个人爱另一个人，一定包含了附加值。所有看似不可思议的爱情背后，都隐藏着顺理成章的逻辑。就像没有价值的你，早晚会失去爱情一样符合逻辑。

亲爱的姑娘，你只是不够优秀而已，别去相信押上所有去爱一个人，会收到与之匹配的回馈，也别去指责这个世界的残忍。因为现实世界里不存在长久的同情，人们总是将目光放在更高的地方，而忽视那些在低处挣扎的人。

成长，就是不断与这个世界和解

我们每个人都需要与这个世界不断地和解，生命中最重要的事，就是不断自我更新，不是吗？

亲爱的小姑娘，你现在可能正躲在写字楼的某个角落里伤心哭泣，委屈不已。那些职场上的明争暗斗，那些上司的厉声责骂与同事的肆意诋毁，那些客户的存心刁难与男友的百般误解，让你哭完了整整一盒面巾纸。

当你发泄完情绪回到办公室时，那个刻板又无情的上司又将一个文件夹甩在你面前，要你今晚加班。你心中恨得要死，不知道这个讨厌的人什么时候才能从你生活中消失。

这时你又接到了房东的电话，那个五十几岁的老女人又要涨房租了，得知了这个消息你脸色更黯淡了，在几经争取无效之后，你气恼地挂掉了电话。

你刚想和男朋友说房租的事，就收到了男朋友要分手的微信，原因就是前天他妈过生日你没准备礼物，就打了个电话"敷衍了事"。这时的你觉得生活简直糟糕透了，因为又少了一个人跟你分担房租。

这时到了下午3点，是公司开例会的时间。这次例会的策划书是你做的，为了让同事们高看你一眼，你耗费了很多精力和时间。

但是心里想着你的上司、你的房租、你的男人，你真的静不下心来解说你的策划书，你都不知道当你语无伦次地解说你的策划书时，真是大写的尴尬。最后只能在你认为的同事们嘲讽的目光中草草了事。

这一天总算结束了，你已经快绝望了。压死你的最后一根稻草，似乎随时都会飘然而至。

此刻，我想给你一碗鸡汤，不行，太温和了，拯救不了你。

给你打针鸡血吧，也不行，一时的亢奋对于你那被蒙蔽了的心智并不会发挥多大作用。

姑娘，我觉得你现在最需要一记耳光，因为只有打醒你，你才能从自怨自艾的死循环中走出来。

你以为那是成熟之前要承受的黑暗，你以为那黑暗如此不堪，其实你错了，真正不堪的是你的内心，不堪一击。

你想不到的是，当你的上司来找你时手里拿的是两个文件夹，另外一本也应是由你来做的，可当她注意到你哭红的眼睛，终究是没忍心，只递给了你一个。

你想不到的是，望京的房租在几个月之前就涨了，房东看你一个小姑娘刚参加工作，一直没开口，直到她的老伴生病了，开销越来越大了。

你想不到的是，当你心不在焉、声音颤抖地解说你的策划书时，会议室里的那一片死寂代表的并不是不屑，而是诧异。因为你的思路虽然十分冒险，但却创意十足。当然，他们没有起身为你鼓掌，给你拥抱，并不是你的解说不好，而是那群老员工怎么会好意思承认，他们被一个小姑娘比下去了，请原谅他们的小虚荣吧。

你想不到的是，你的男人其实从没爱过你，这点不必深究，从你经常哭红的眼睛就可以看出来。不过没关系，一个年轻的姑娘如果不把青春浪费在错爱中，那才是真的浪费。

不过爱情说到底是为了快乐，为了生活变得更有趣。所以，你看，你早该放手了。

亲爱的，或许今天对于你来说，天是阴的，风是冷的，人是麻木的。可是我多想让你看到，那些你没看到的事情，那些存在于你身边的种种温暖和善意。

我知道，你总有一天会从一个任性矫情的小姑娘变成一个温和睿智、令人信服的职场女性，那时的你必定经历了太多的故事与历练，那时的你再看待这个世界必定会越来越平和。

《圣经》里有这样一段话：“你们要进窄门。因为引到灭亡，那门是宽的，路是大的，进去的人也多；引到永生，那门是窄的，路是小的，找着的人也少。”成长，犹如食物加工的过程，必是要经历油锅和蒸煮后，才算圆满。这段时间虽然痛苦，但也请别忽略当中的温暖。

大学毕业后，我不得不从清风明月般的书斋里走出来，独自面对这个庞大的世界，我起初惶恐不已，后来惨淡不已。可当我跌倒过几次，挣扎着站起来再看待这个世界的时候，我发现它早已不是我先前所看到的模样，它那狰狞的外表下，其实隐藏着感动、善念、幽默与公平。

我因此知道，真实的世界与完美的世界，未尝不是同一个世界；残酷的外衣下，未尝不是包裹着一颗善良的心；好事与坏事未尝不是一件事。躲在暗处的上帝，就像双子座般变幻无常，总是给我们安排着一系列时好时坏的际遇。

所以，亲爱的姑娘，别太偏执。在成长的路上，你总要接受那些不那么愉快的过往，以及不那么优秀的自己。我们每个人都需要与这个世界不断地和解，生命中最重要的事，就是不断自我更新，不是吗？

江湖路远，前方必定有一个更优秀的你。

Chapter 6

用你的正能量征服所有人

做一个情绪管理大师

正能量不是没心没肺，不是饮泣吞声，不是死撑硬挺。而是泪流满面时仍捍卫着心底的善念，孤军奋战时仍坚守着最初的信仰，身处废墟之上仍有重建的勇气。

我上大学的时候，我们寝室有个女生，长得高挑白净，却一脸苦相。她每天做的最多的事情就是抱怨，别的寝室睡觉之前都是欢乐的卧谈会，而我们却是听她没完没了地发牢骚，什么今天上课没人帮她签到，食堂大妈中午少给她打了好些菜，自己喜欢的男生居然和隔壁系的丑妹在一起了……直到我们听得有些不耐烦了，索性装睡，时间久了，她觉得我们排挤她，怨气更大了。

毕业两年后，听说她得了轻度抑郁症，时常一个人喃喃自语，过得十分惨淡。

这一切要归咎于谁呢？是命运吗？当然不是，她的不幸，绝非偶然。

她总觉得她的一切都不如意，满腹牢骚，可那些年我却也是羡慕过她的。她生得清秀，来自小康家庭，虽有一个弟弟，但父母给她的疼爱却一分不少，生活费永远要比我们多一些。还有她很聪明，那么难缠的高数，我要花好些精力才能弄明白，可她却一点就透。可即便这样，她的青春却也还是在抱怨中度过的。

她的存在，让我想起了我另一个同学，一个黝黑粗犷的姑娘，颜值并不如意，家境也不好，那几年一直靠勤工俭学过日子，大二的时候有了一个不怎么体贴她的男朋友，刮风下雨时她还得给他去送伞。可她从不抱怨什么，女生寝室里总爱比比鞋子，晒晒护肤品，她总是安静地看着，保持微笑，不以为意。

快到毕业的时候，因为在校期间表现优秀，一直拼命争取奖学金，助学岗位也干得很好，她很顺利地回到了家乡的一家知名企业，带薪实习，少了我们找工作奔波的过程。那时我们都以为她要失恋了，毕竟那个男人对她从未上心过。可一切都发生了逆转，男人突然意识到，那个对他嘘寒问暖的姑娘可能要离开了，一下子对她百依百顺，并决定和她回到她的老家好好过日子。

就这样，那个出身卑微并不怎么好看的姑娘的人生像开了挂似的，一路上升，让我们望尘莫及。

张爱玲曾写过这样一句话：“笑，全世界便与你同声笑，哭，你便独自哭。”是的，这世界上根本没有感同身受这回事，谁也不能替你承担你的那些所谓的痛苦，抱怨与愤怒只会成为你的包袱，将你死死拖向谷底。只有心向阳光的人，才能看到桃花灼灼，才能让自己本不灿烂的人生发生逆转。

可是我们仍然会让自己陷入坏情绪的怪圈中，随着情绪的起落，我们无理由地爆粗口，一蹶不振，起起伏伏却始终在那个圈子里打转，怎么也走不出来。

我们每天都在诉说着自己的各种不满意，可是真的有这么多不尽如人意的地方吗？

不尽然吧。

其实，我们生存在一个生活节奏过快的时代里，很容易会因一些小事产生负能量，但必须知道，自己处理情绪的速度，就是迈向成功的速度。

每一个爱抱怨、负能量爆棚的女人，都不懂得对自己所拥有的表示感恩，更不懂得在美好的光阴中控制自己的情绪，人们总是更喜欢和富有正能量的人在一起，这样的人，就像一束耀眼的光芒，和他们待久了，也就不再惧怕黑暗。

当然，正能量不是没心没肺，不是饮泣吞声，不是死撑硬挺。而是泪流满面时仍捍卫着心底的善念，孤军奋战时仍坚守着最初的信仰，身处废墟之上仍有重建的勇气。

在这个纷繁复杂的世界里，愿你目光清明，别被世俗琐事缠身，别被坏情绪所左右。其实幸福是你恒久期待却近在眼前的东西，很多时候不是你没有，而是没看见。

姑娘，希望你温柔从容平和到老。你要知道，平和比什么都重要。

你终于将生活过成了一地鸡毛

所以，有了坏情绪，就安安静静地睡觉、吃饭、看书，不要传递出去。眼前的麻烦只是暂时的，总会有一束阳光，驱散开层层的阴霾，给你万丈光芒。

有这样一个故事。

卡斯丁早晨起床洗漱时，随手将自己的手表放在洗漱台边，妻子怕手表被水淋湿，便把它放在了餐桌上。而这时正在吃早餐的儿子拿面包的时候，不小心将手表碰到地上摔坏了。

卡斯丁十分喜欢这块手表，一气之下将儿子打了一顿，然后又愤愤不平地数落了妻子一顿。妻子也很生气，说是怕水把手表弄湿了，而卡斯丁则辩解称他的手表是防水的。于是，两个人爆发了激烈的争吵。

大怒之下的卡斯丁没有吃早餐就直接去了公司，然而快到公司时却突然记起忘了拿公文包，于是又掉头回家取。

当他到家时发现妻子已经去上班了，儿子也去上学了。但卡斯丁的门钥匙还留在公文包里，他回不了家，只好打电话向妻子求助。

当妻子慌慌张张地往家赶时，不小心撞翻了路边的水果摊，摊主缠着她不让走，索要赔偿，她不得不赔了一笔钱才脱身。卡斯丁拿到公文包后，返回公司已经迟到，挨了上司一顿责骂，心情更糟了。

下午，他又因为满满的负能量和同事吵了一架。与此同时，妻子也因为回家送钥匙被扣掉了当月的全勤奖；儿子原本有望在棒球赛中夺冠，却因为早上挨了一顿打，心情不好发挥失常，初赛就被淘汰了。

这个故事源自于著名的“费斯汀格法则”，它的意思是：生活的10%是由发生在你身上的事情组成，而另外的90%则是由你对所发生的事情的反应态度所决定。也就是说，生活中只有10%的事情是偶然的，我们无法掌控的，而另外的90%则是由我们来主宰的。

很多时候，人生的历程和走向都是由我们决定的，起初的一句话、一个决定，都可能为未来埋下伏笔。在错综复杂的人生故事里，态度才是决定一切的根本。

命运本就在我们的意料之外，我们实在没有必要挖空心思找出它的毛病与自己作对。对于细节上的凌乱，痴愚的人往往深陷其中不能自拔，好像脑袋里缠了一团线，越想越乱，烦恼不已。而明智的人则懂得顺其自然的道理，不过是生活的琐碎，实在没有必要去强求、抱怨些什么。

姑娘，你要知道没有什么比坏情绪本身对女性更具杀伤力了，躁动的心情会使女人精神萎靡，平添了皱纹，染白了头发。所以，你必须学会调节自己的情绪，好好爱自己，也要好好爱身边的人，不要让自己满满的负能量，通过蝴蝶效应传播出去。

有了坏情绪，就安安静静地睡觉、吃饭、看书，不要传递出去。眼前的麻烦只是暂时的，总会有一束阳光，驱散开层层的阴霾，给你万丈光芒。

姑娘，别把日子过成一地鸡毛，也别让身边的人厌烦你。你不知道，那样的你会慢慢丢失掉所有的梦想，渐渐颓废，渐渐平庸。

很多时候，态度能让你的生活高歌猛进，也能让它变成一地鸡毛。

好姑娘，是如何好好说话的

一个情商低的人最明显的特征就是不会说话，这也是良好的人际关系慢性致死的元凶之一，爱情如此，友情亦是。

一个情商低的人最明显的特征就是不会说话，这也是良好的人际关系慢性致死的元凶之一，爱情如此，友情亦是。

我的一个老友，是一个十分会持家的高手，任何标榜能干、勤快的主妇都会被她瞬间秒杀。可惜她除了贤惠，最大的特点就是爱泼冷水。

一次我跟她逛街时，她丈夫打来电话说，晚上领导要请他吃饭，不回家吃了。

我的老友马上嗤之以鼻道："你又不聪明，能力也有限，领导为什么要请你吃饭？"

我在旁边听着，都替她丈夫难过。果然，电话那头传来了同样不友好的语气，并且迅速挂掉了。

前阵子听说她离婚了，可见除了持家有道，女人还要拥有情商，还要学会运用语言的艺术。

语言是连接人与人之间的纽带，纽带质量的好坏，直接决定了人际关系的融洽与否，进而影响到事业发展和人生幸福。卓越的口才和有技巧的说话方式，不仅增添了女性的个人魅力，同时也保证了事业上的无往而不利。

曾听过这样一个故事，有一个代表团乘船参加一个国际会议，忽然风浪骤起，许多人都因为受不住船的颠簸晕船了。

就在大家狼狈不堪、昏昏沉沉之际，一位服务小姐微微一笑，说出了一句极富诗意的话："你们都被壮丽的海洋陶醉了呀。"简单的一句话，不仅道出了一份体贴和尊重之情，还给晕船者带来了温暖的安慰和鼓励。

这就是语言的力量。会说话的人往往能轻而易举地打开人与人之间心灵之门，进入对方的内心世界，拉近彼此的距离，给人以愉悦感。

一个聪明的女人，最好的状态绝不是锋芒毕露，而是虚怀若谷，淡然如水。遗憾的是，生活中很多女人都难以做到，她们爱逞口舌之快，言语犀利，善揭人短处，如单刀直入评价他人的衣着与妆容，令人尴尬，末了还云淡风轻地替自己解围："我这个人向来说话直，你别生气啊！”

“挑剔鬼”“泼冷水”“神经病”“没建设性的话”，无论怎样狡辩都不可能是“忠言逆耳”。

一个人的语言，不仅体现了他的修养，也体现了他的品格与城府。会说话，能帮助自己建立起良好的人际关系，强大自己的人脉网；会说话，能帮助自己增强自身的正能量，助人成功。所以，在这个人脉决定能力、语言决定人脉的现实社会里，说话的能力显得尤其重要。

在职场上，占据中层的女人基本上都是社交高手，其实这并不是因为她们拥有倾城的容貌或是过硬的后台，而是因为她们无论在任何场合，都能口吐莲花，让听者心里舒服。

举个例子来说，就像是两个女人议论同一个人，其中一个说：“她皮肤很白，但太胖了。”另一个则说：“她很胖，但是皮肤很白。”假如这两句话是说你的，你更喜欢哪一种说法呢？由此可知，只要稍微改变一下说法，就会产生完全不同的效果。

再比如说，两位女子坐在那里喝咖啡，这时凑巧进来了一位演员，其中一位悄悄地说：“呀！你快看！那不是某某吗？”另一位回答说：“真的！不过比电视上难看。”后者听起来是不是有些刺耳？如果她换一句话说：“嗯，还是电视上的她比较好看。”效果就会好多了。同样的话，在会说话的女人的嘴里，就是一颗甜滋滋的糖果，而到了不会说话的女人嘴里，就会变成一把伤人的剑，这就是说话能力的体现。

语言，可以彰显出一个女人的睿智和高雅，也可以暴露出她的愚蠢和低俗。在这样的一个时代里，要想成为一个受欢迎的女人，必须要会说话。很多时候，说话不单单是一种沟通的手段，更是个人气质的展现。懂得好好说话的人，不仅能得到身边人的拥护，也更容易赢得社会的认同。

在人的一生中，从恋爱到婚姻，从求职到升迁，从交际到办事……无不需要说话的能力。话说得好，小则可以讨喜，大则可以保身；而话说得不好，小则树敌，大则溃败。所以聪明的女人，不管什么时侯都要记住：好好说话，是高情商最重要的体现。

你都不知道，你笑起来有多美

给自己一个温暖的微笑，然后转身向着阳光前行。这微笑里有伤痛、嘲讽、非议、宽恕，但你已经成长，你不会流泪，你只会让眼泪在体内流淌温润你干裂的心房，然后在脸上绽放出一朵美丽的花儿。

辛迪·克劳馥曾说过这样一句话："女人出门时若忘了化妆，最好的补救方法便是亮出你的微笑。"

微笑，不但能以最温柔的方式化解人生际遇的坚冰，还能引导对方体会到人性的光芒与善意。真诚的微笑总能散发出自信与魅力，这似乎是上帝赋予人类的特权。

在这个生硬的世界里，大多数时候，都是生活选择我们，而不是我们选择生活。我们只能站在原地，硬着头皮去承受，可即便这样，也请做一个爱笑的姑娘，因为你不知道，你不经意的一个微笑会惊艳了谁的全世界。

有这样一个故事：

Summer 已经结婚 10 个年头了。在很长一段时间里，从早上起床到她出门上班，很少会对自己的丈夫说上几句话，甚至连一个微笑她都懒得给。Summer 总觉得自己是纽约城里最闷闷不乐的人。心烦意乱的 Summer 去看了心理医生，心理医生建议她尝试着用微笑去面对周围的每一个人，或许就会有不一样的体验，Summer 决定试一个星期看看。

第一天，在丈夫要出门的时候，Summer 突然微笑着说："亲爱的，路上小心！"丈夫一愣，马上又恢复了常态，微笑着上前给了她一个拥抱。Summer 也很意外，在心底似乎体会到了一种久违的温暖。

接着 Summer 也去上班了，在单位门口，她微笑地对门卫说："早安！"门卫很高兴的样子，同样回以一句友善的问候，这令 Summer 觉得上班也是件愉悦的事；下班时，Summer 又微笑着跟电梯管理员打招呼；地铁口，她又对着检票的小姐微笑……接下来的几天，她给予了周围所有人灿烂的微笑。

日子久了，大家都对 Summer 有了这样的一个印象：乐观、善良、有魅力的女人。在她需要帮助的时候，所有人都会在第一时间主动来帮她。她感到生活从未有过的美好。

微笑是人类与生俱来的本能，可惜人类的这一宝贵资源常常被忽略、被虚置、被关闭、被凝固。理由似乎就挂在嘴边：学生说学习太烦琐、太枯燥、太单调；上班族说生活太无趣、太辛苦、太无望；老板说竞争太激烈，市场太不好，员工太无用……于是，一件如此美好的东西，就被我们心底的黑暗所遮蔽了。殊不知，我们浪费掉的是和煦的春风，是久违的温暖，是看不见的财富。

在英国的克里诺斯镇有一位富翁，他拥有富可敌国的财富，但是他并不快乐。一天，他垂头丧气地走在街上，迎面过来的一个小姑娘引起了他的注意。小姑娘用天真无邪的眼睛看着他，然后给予他一个甜美的微笑，顿时富翁心中的希望被这个微笑所点燃。他对自己说："为什么我要不高兴呢？我要能像这样微笑该多好啊！"第二天，富翁给了小姑娘巨额财富，自己则离开了小镇去寻找梦想和快乐。

镇上的人都无法理解，于是问小姑娘："为什么不相识的富翁会把巨额财富送给你呢？"小姑娘依旧天真烂漫地笑着说："我什么都没做，只是对他微笑而已。"

是啊，小姑娘用一个善意的微笑却换来了一笔巨额的财富，的确令人难以置信，但这正是微笑的妙用、微笑的力量。即便小姑娘物质上比较贫乏，但她的情感上却是非常富有的。她通过甜美的微笑展现了自己轻松、愉悦的心情，进而滋润到富翁几乎干涸的心灵，让他再一次燃起希望，有了快乐和梦想。

亲爱的，你要用你的微笑去改变世界，而不是让这个世界改变你的笑容。时间会抹去一切过往，不要在逝去的痛苦里沉溺、过多地浪费你的感情，也不要一遍遍抚摸伤口，因为那样只会让它变成一道丑陋的疤痕。

身处顺境，不要张扬，要和满山的郁金香一起绽放；身处逆境，不要放弃，要像开败的玉兰花一样，在下一个春天再与雨露约会；身处绝境，不要颓废，要像万丈深渊里的一株杂草，虽然已无出路，也要昂起头颅，向着太阳灿烂地微笑。

给自己一个温暖的微笑，然后转身向着阳光前行。这微笑里有伤痛、嘲讽、非议、宽恕，但你已经成长，你不会流泪，你只会让眼泪在体内流淌温润你干裂的心房，然后在脸上绽放出一朵美丽的花儿。

你要善良，无论这世界有多冷漠

当你帮了别人，无形中也救赎了自己，这就是善良。

横贯非洲大陆北部的撒哈拉沙漠，又被称为“死亡之海”。进入沙漠的探险者，基本都把性命留在了那里。

1814 年，一支考古队第一次打破了这个死亡诅咒。

当时，荒漠中随处可见探险者的骸骨，每一次队长都让大家停下来，选择高地挖坑，把骸骨掩埋起来，再用树枝或石块为他们立个简易的墓碑，以示对死者的尊重。

然而，沙漠中的骸骨实在太多了，掩埋工作占用了大量时间。队员们纷纷抱怨：“我们到底是来考古的，还是来替人收尸的！”

面对众人的反对，队长只说了一句话：“那是我们的伙伴，谁也不能让自己的伙伴暴尸荒野。”

一周后，考古队在沙漠中发现了许多古人遗迹和足以震惊世界的文物。正当他们欣喜若狂地准备离开时，突然刮起风暴，黄沙漫天。接着，连指南针也失灵了，考古队完全迷失方向，食物和淡水急剧匮乏，他们这才明白了为什么从前那些伙伴没能走出去。

就在大家几乎陷入绝望的时候，队长突然说道："别担心，我们的伙伴们已经在来时的路上给我们留下了路标!"就这样，他们沿着来时一路掩埋骸骨立起的墓碑，最终走出了撒哈拉。

在接受记者的采访时，考古队的队员们都感慨："是善良，救了我们一命。"

当你帮了别人，无形中也救赎了自己，这就是善良。

在这喧嚣的世界里，我们早已不再纠结于性本善还是性本恶，我们只是更多地去设防，不惜代价地阻止别人伤害我们，在这个过程中我们不可避免地冷漠、自私，甚至卑鄙。我们以为世界本就是这个样子的，于是将心底最后一丝善念埋藏起来，直到某一天，被某一个人或某一件事唤醒了，才恍然大悟，原来这个世界并没有那么冷漠，原来自己也曾美好过。

曾听过这样一个故事，一个中秋夜，一家面店的老板娘正准备关门。这时来了一位带着两个孩子的妇人，妇人穿着过时了的呢子大衣，两个孩子穿着洗得发白的旧棉服。

老板娘微笑着把他们请进了屋里。

妇人有些不好意思地说：“我们要一碗汤面，谢谢。”身边的两个孩子怯怯地低下了头。

老板娘依旧微笑道：“好的，稍等。”转身进了厨房，对着正在忙碌的男人说：“煮面吧，老头子。”

把一切看在眼里的男人，拿出了三个碗和三团面，老板娘立刻阻止道：“你这样，人家会不好意思。”说着将一团半的面丢进了锅里，煮了满满一大碗，不动声色地端上了桌。母子三人吃得十分开心。

不一会儿吃完了，付完了面钱，妇人很认真地道了谢。

老板和老板娘微笑着目送他们离开。

转眼一年过去了，又到了中秋。这天人们都忙着回家过节，店里人很少，老板娘准备早点关门，就在这时快递员送来了一个包裹。

老板娘打开包裹看，是一盒十分精致的月饼和半份面条的钱，里面还夹着一张字条：感谢一年前你们给予我的那份体面的善良。

在这个光怪陆离的时代，我们至少要守住自己的善良。也许你那发自内心的关怀，表面看起来微不足道，但却能给别人带来无限的光明和力量。

善良是人性深处的处女地。它最大的用处并不是为人们带来利益，也未必一定会带来福报，但它却能够洗刷人们看待世间万物的心灵，洗涤人们看待世事的双眼，舒缓我们向死而生的情绪，安抚我们辗转难眠的愁绪。

《大鱼海棠》中有这样一句台词："只要你的心是善良的，对错都是别人的事。"亲爱的姑娘，你给予他人心底的那份温暖，日后必定会成为照耀你的阳光。不管这个世界有多冷漠，你都要保持善良。

强者，更容易宽容

世间并无绝对的好与坏，也并非所有的坏与错误都是存心所为。如果你问我，怎样放下怨恨，做到心胸开阔，我会告诉你，强大能治愈一切。

前不久和同学聚会，遇到了分手挺长时间的前男友，我以为我的第一反应会是愤然离席，可谁知手却不自主地摸了下头发，确定自己今天洗过头之后，我立刻笑靥如花，自信满满地跟他打了招呼。

上大学的时候，我们在一起三年多，感情稳定，未来可期。直到毕业的时候，他顺利进入一所大学的行政部，而我还是心不在焉，玩玩乐乐，跟所有烂俗的青春散伙桥段差不多，因为他觉得老师或者公务员才是跟他匹配的，我就这样被分手了。当时，虽然也没多伤心，但是却觉得挺恶心的，毕竟三年多，自己居然瞎了这么久。

分开之后，我只身去了北京。在那里，我一改往日的懒惰、矫情，以一种近乎癫狂的努力，终于改变了从前那个被人嫌弃的自己。我知道被人践踏过的自尊，只有自己能找回来。

我以为我很恨他，可随着日子悄无声息地过着，我却日渐把他忘了。我知道，我终于强大到对那些伤害视而不见了。

听说，他还是在那所学校里，每天整理着学校的各种规章制度和通知任务，女朋友是本校的一个辅导员，两个人按揭买了套不大不小的房子，后来因为署名问题散了，现在依旧单身。

再见面时，我也有了一份安逸的工作，空闲写写专栏，每年能保证一部作品上市，在同学们要我签名的新书时，他有些热切地看着我，我突然觉得我们的过往有些可笑。

聚会快结束时，他要送我，我礼貌地告诉他我丈夫来接我了，多谢。然后在他诧异的目光中，转身离开。

什么是对前任最好的报复，就是你过得比他好，你比他更为强大。

过得好的人，通常都比较健忘；强大的人，也更容易宽容。

这世界上，谁又比谁豁达？所谓格局，所谓平和，只有你站得比对方高，才更容易做到。

所有分手后的纠缠与怨恨，都只能让自己处于弱势。而当你用满腔的羞愤，化作强大的动力，不必埋怨，不必声讨，你现在的这个样子，站在他面前，就足以证明他当初错了。

一个人，当你站得高了，视野远了，从前伤害你的人也就渺小了。

我的一个朋友 Jessie，给我讲述了一个这样的故事。

Jessie 上高中的时候，成绩并不好，尤其是数学，可是有一次 150 分的试卷，她考了 120 分。数学老师很激动，他拿着 Jessie 的试卷走上讲台，Jessie 本以为是付出有了回报，老师会当众表扬她。可是老师没有，他大声地质问，这是抄了谁的卷子，并要求她去教师办公室重考一次。

教师办公室是敞开的，一个年级所有的老师都在一起办公。她一个人默默地坐在那里，边擦眼泪边答卷子，在语文老师、英语老师、物理老师和班主任疑惑和嘲讽的目光中，狼狈地熬过了那个漫长的下午。

分数出来后，她得了 122 分，可是数学老师并没吭声，也没在所有人面前澄清。

那时的她，无比怨恨。

高考结束后，她以 580 分的成绩，进入北京航空航天大学，之后再也没有回过母校。

后来，当年的数学老师还打听过她，可是她却再也不想见到这位老师了。

直到一次暑假回来，她听见有人喊她的名字，转过身看到是曾经的数学老师，她热情地笑了起来。她说，那一天，她发现自己心里早就没有怨恨了。

我从不主张感谢那些曾经伤害我们的人，也并不认为宽容一切是多高尚的品德。可是当你真的做到宽容与感谢的时候，也就是你日渐强大的时候，这样，不好吗？

世间并无绝对的好与坏，也并非所有的坏与错误都是存心所为。如果你问我，怎样放下怨恨，做到心胸开阔，我会告诉你，强大能治愈一切。

如何走出自卑

那盔甲，能给予你推翻过往所有不堪的力量，能支撑你走向前方面对所有质疑的目光，能引领你迎接所有温暖和煦的阳光。

作为一个鲜少在朋友圈发照片的人，我不得不承认这是长久以来自卑衍生的结果。

前阵子有部电影《那些年，我们一起追的女孩》，看到片子里的高中生活浪漫温情，热烈澎湃，我心底倍感遗憾。因为纵观我的青春期，只能用“灾难”两个字形容。

那时候我是个胖姑娘，胖到有钱有卡就是没有我的码，而你永远不能指望一个常年穿宽大运动服的姑娘好看到哪里去。

除此之外，我还不会唱歌、不会跳舞，不擅长任何体育项目，几乎没有任何特长，性格也是唯唯诺诺，总想把自己隐藏在角落里。所有属于少女时代的光芒，到我这里变成一片黯淡。

上了大学之后，寝室的姑娘们都是比较活跃的，任何校内活动，她们都会顺带着帮我报名。所以我总被莫名其妙地推上演讲台、百米跑道、助贫义卖站，我甚至被推进了我最害怕的游泳队。每次我撕心裂肺地要往回撤的时候，她们都拖住我说："要团结！"

终于有一天，我发现自己站在台上时不再紧张哆嗦，即便面对台下几百人也能游刃有余；站在跑道上不再力不从心，劲敌再多也不至于垫底；身处游泳池里，即便被好身材的姑娘们包围，我也总能以我矫健的泳姿让人们忽视我肚皮上的赘肉。

其实，我也不知道是哪一刻战胜了心底的懦弱，但一路走来，我觉得自己越来越有底气了，蓦然回首，往日的自卑已经离我远去了，我想这大抵是个蜕变的过程。

在这个过程中，我需要的不是拿到第几名，争取到多少荣誉，而是一次次战胜自己所畏惧的东西，并通过无数次的磨炼，变成一个更强大的自己，变成一个让人心悦诚服的自己。

或许是因为女性天生的敏感吧，才会那么容易让自己因为某些缺陷或是不足而自卑、痛苦。其实，你的世界之所以会消极无望，不过是因为你对自己消极无望。如果你想改变你的世界，那你就必须战胜心底的自卑。

我的一个读者，是一位大学老师，给我讲过这样一件事。

她小时候和父母住在小镇上。有一天，爸爸和单位的领导吃饭，她和领导家的孩子知道这个消息后，撒欢地跑去那个镇子上最大的饭店。她说她还清晰地记得当时的情景，那个领导看到自己的孩子时，立刻走过来将她抱到大腿上。而她的爸爸，则是粗暴地吼道："别捣乱，赶紧回家去！"她在周围人同情的目光中怯怯地走了出来，委屈地哭了好久，从那时起，她就总有一个念头：我不如别人！

之后的很多年，她都觉得自己是个彻头彻尾的失败者。

大学毕业后，她独自去了深圳，她说一下火车站，她就看到大大的标语：来了就是深圳人。那一刻她很温暖，深圳没有北京那份浓浓的疏离感。

之后她一直在这座城市奋斗，忙碌的生活，让她一下子充实了起来。她开始读书、运动，开始结交在梦想的路上一同打拼的朋友，开始尝试之前所有没有尝试过的事情。考研、打工、创业、参加激烈的事业单位考试，她很累，但内心却十分宁静，多年的不安与恐慌似乎一下子消失不见了。

她说是这座城市给予了她灵魂，可我却觉得是她依靠自己的努力，给那颗卑微弱小的心，注入了新的力量。

如果你问我如何走出自卑，那么我想，首先就是要逼着自己忙碌起来，当你认认真真完成几件事后，你就会发现自己远比想象中的有价值。

其次，多运动，持续地阅读，让自己从肉体到心灵都得到改造。人在运动的时候，大脑是可以处于空白状态的，你完全可以利用这个空当，让自己疲惫的心和身体放松下来。

读书则更易理解。自卑的本源是人对自身认知出现了较大的偏差，究其原因就是见识少，导致格局低，内心不够强大，而这些都是可以通过阅读改变的。

最后，要回到最初我一直强调的，去面对你所害怕的东西，通过一次次的磨炼，去改造那个并不完美的自己，别害怕，每个成功的人都要有那种逼着自己勇敢向前的执念。

亲爱的姑娘，如果你也跟我一样自卑过，那就努力为脆弱的心灵编织一件强悍的盔甲吧，那盔甲，能给予你推翻过往所有不堪的力量，能支撑你走向前方面对所有质疑的目光，能引领你迎接所有温暖和煦的阳光。

笑着流泪，向阳生长

只有把眼泪收藏起来，向着太阳奔赴，你才能强大起来。只要你愿意，命运必定会许你一场春暖花开。

大学毕业后，我就来到北京工作，当时在通州租房，单位在望京。每天都要走很远的一段距离才能到地铁口，好在通州这片儿，载人三轮车的市场十分兴旺，北京俗称“三蹦子”“蹦蹦儿”。这种车最大的优点就是灵活，不管多狭窄的胡同小道都能穿梭，而且在主路上也敢于和汽车叫板，坐在车里，随时翻车的刺激感，让人既恐惧又兴奋。最主要的是价格合理，2012 年时在北京才 5 元钱。

蹦蹦儿车身比较轻，只有三个轮子，加上车手们都十分乐于抢道，所以翻车的概率非常高。不过这对于他们来说并不算什么，让他们感到恐惧的是城管，因为一旦被抓到，他们唯一的生存工具就没了。

每天全力以赴地飞奔，以赚取 300 元一个月的地下室租金和 200 元的饭钱，这就是他们的生活，也是他们的命运。

我认识的最优秀的蹦蹦儿驾驶员，是一个敢横行于一帮老爷们儿之中的姑娘。她叫阿梅，和我年纪相仿，眼睛小小的，皮肤黝黑，嗓门很大，敢于和任何五大三粗的老爷们儿抢活儿。

她蹬车不像别人那样一路狂飙，反而有点儿闲散地逛着，特别是路过人群的时候，总是小心翼翼地左顾右盼。所以我很乐意坐她的车，十分有安全感。

后来我由老顾客，变成了朋友，时常和她聊上几句。我问她一个姑娘家，为什么要干这个活儿，她说没办法，只有这种活儿能当天拿到钱，而且能穿梭于大街小巷。我问她，你很喜欢满大街跑吗？到了晚上，你不怕吗？

她沉默了一会儿，淡淡地说了这样一个故事。2009 年她带着儿子来北京看病，儿子说想吃冰棍，她就去不远处买去了，留下儿子在原地看着行李。可再回来时就找不到人了，行李还在，这事儿就发生在通州这片儿。她说那年儿子五岁，已经有记忆了，她相信他能找到这个地方，所以她一直在这里等，满大街地张望，她怕再过几年她就认不出孩子的模样了。

怕她难过，我扭过脸去，没让她看到我控制不住地流下来泪水。

她依旧面带微笑，我知道那是对未来怀有希望。

第二天再见阿梅，她依旧敦厚地笑着，幸灾乐祸地给我讲着她哪个竞争对手被城管抓了，仿佛那些辛酸的故事，从未发生过。

我喜欢阿梅，因为她的微笑，消融了这座城市所有的漠然与冰冷。

2013 年 7 月的一天，是我最后一次见到她，我告诉她我要离开这座城市了，她坚持没有收我钱。我问她，会一直在这儿坚持吗？她说会，她的男人已经跟别人一起过了，不过她并不恨他，是因为他心里有怨。这些都没关系，如果她的儿子能回来，那么一切都值得，她坚信，她的儿子早晚有一天会回来找她。

说这话时，我看到她依旧充满希望。那么浓烈的希望，似乎冲破了北京漫天的雾霾。

这就是阿梅，一个铁骨铮铮的姑娘，一个生活在底层时常受到鄙夷的小角色，可我喜欢她。

人是靠梦想和憧憬活着吗？错，人是靠坚强活着。

为什么我们身后的阴影那么浓重，是因为前面的阳光明媚啊，所以，许自己一束阳光吧。你，我，他，无论此刻在经历着什么，无论过去遭遇过什么，以后的以后，那不过都是些荡气回肠的往事。唯有向阳而生，才能让往事中夹杂的痛苦变得苍白无力。

亲爱的姑娘，总有一天，你会明白，委屈必须自己消化，痛苦必须放在心里，与它们和平共处。命运和自我都不是用来战胜的，而是为了更好地相处。只有把眼泪收藏起来，向着太阳奔赴，你才能强大起来。只要你愿意，命运必定会许你一场春暖花开。

Chapter 7

金钱，才是你的底气

最好的省钱方法就是赚钱

有些安全感，只有钱能给你。我们拼命地赚钱，只是为了有一天我们不想赚钱的时候，可以不用赚钱。金钱，它束缚了你的自由，可是它也给予你自由。可是，当你杯水车薪地攒钱的时候，你自由了吗？

什么样的生活方式最为省钱？半年不买一件新衣服，从来不做指甲不护理头发，好不容易下次馆子只肯点一碗阳春面，家里从未摆过鲜花，每到网络购物节都要熬到半夜去抢一堆或真或假的生活用品，这样算不算很会省钱？

必然不算。

舍不得去看电影，舍不得和家人旅游，舍不得带孩子去游乐场，你以为你咬牙切齿地攒下那点钱，就能扭转自己的窘境，改善家庭的经济状况吗？那只会让你的丈夫因为每天面对一个黄脸婆而越发讨厌回家，让你的孩子享受不到生活的乐趣却继承了你一身的穷病，让你的家人因为你时时刻刻的克制算计而对生活感到厌烦。

姑娘，钱不是省出来的，是赚出来的啊！

这个时代对女人的要求是苛刻的，纵观职场，男人和女人的区别，只有骡子和马的细微差距而已。所以最安稳的日子，已经不再是像从前那样，拼命地为男人省出半个家当，而是为自己赚出一个身家啊！

有些安全感，只有钱能给你。我们拼命地赚钱，只是为了有一天我们不想赚钱的时候，可以不用赚钱。金钱，它束缚了你的自由，可是它也给予你自由。可是，当你杯水车薪地攒钱的时候，你自由了吗？

我曾经的一个同事 Aimee，是一个非常优秀的姑娘，我们合作过很多出色的文案，她独树一帜的想法，总能换回客户口袋里大把的钞票。

我以为那样光鲜、乐观的姑娘，必然是生长在阳光下的，可惜她不是。

她告诉我，她小的时候母亲去接她放学，一定要走一条绕远的路回家，因为那条路上有很多空的矿泉水瓶。去菜市场买菜，母亲也只会挑一些快烂掉的菜叶，好让小贩便宜些。每逢周一早上超市鸡蛋大减价，母亲都会拉着并不情愿的父亲排两个小时的队，因为两个人可以多买一斤。

可是，即便已经节俭到骨子里了，他们的日子依旧过得捉襟见肘。

所以，童年的 Aimee，在还算不明白加减法的时候，就清楚地知道了钱的重要性。在一次次面对母亲歇斯底里的怒骂和被父亲摔碎一地的茶杯时，她就认定，只有钱才能把这破碎的一切粘起来，是的，很多很多钱。可那么多的钱，不是能省出来的数字。

上了大学后，她拼命打工。每到发工资的时候，她都像举行某种宗教仪式般虔诚地将这些钱摆在床上，仿佛只有这些红红绿绿的钞票，才能给她一丝温暖。

跟母亲不同的是，她从不省钱，喜欢的书、电影、衣服、演唱会、课程，她必定争取，寒暑假的旅行，她永远是最积极的。大学毕业时，她已经把自己打理得很好了，丰富的见识，独到的服装搭配，让她很顺利地进入了处于北京商务中心区的写字楼里工作。

此后，她的人生就开了挂，在这里，没人会怀疑 Aimee 赚钱的能力。

她告诉我，省出来的钱并没有帮她找回丢失的自尊，但赚来的钱却狠狠地给她撑了腰。

姑娘，贫穷的出现，其实是有征兆的，它从一个人内心的负能量生根发芽，继而衍生出怨天尤人与墨守成规的枝叶，在无数次的循环中加重，最后铺天盖地席卷而来，让你连反抗的念想都忘记了。

可贫穷和中毒一样，亦有解药，那强烈的执念与非人般的努力就是摆脱窘境的唯一渠道。所以，别让自己贫穷太久，如果你赚不到让你过得安逸的金钱数字，还一味地节省有意义吗？请换一种生活方式，去享受生活的乐趣吧。

毕业两年后，我朝九晚五地奔波在大城市里，晚上回到出租屋还要继续赶稿子，所赚的薪水却并不多。可即便这样，我还是给自己买了一个香奈儿包包，其实真的不是虚荣心作祟，而是生活已经很艰难了，我们总要对自己好一些。

因为有了这个包包，我进出书店再也不必怕遭店员白眼而急着付款；去茶楼的时候，可以随意点一壶便宜的，然后理所当然地在那儿敲一下午的稿子；去商场的时候，也有勇气试价格贵到咋舌的衣服，这些其实都是我们生活的乐趣啊！

一个人节省太久，就会缺乏从容，享受不到金钱带给我们的快乐。赚钱和花钱，缺了哪个都会让我们生活中的乐趣减半。

我们之所以想拥有钱，是因为我们憧憬美好的东西。如果你总是舍不得善待自己，那只会把本该丰盈的人生，榨成乏味荒芜的沙漠。

姑娘，明天好好去赚钱吧，然后别忘了，对自己大方一点儿。

这两件事，同等重要。

女人，要有给予自己物质的能力

关于梦想，关于初心，关于情怀，我不是不提倡，我只是想让大家多听听资本的声音，那声音里有生命的志趣，有人生的肆意，有活着的尊严。

今天要写的这个话题，七分物质，三分世俗。

有一部美剧《Billions》，其中有一个桥段很有意思，男主人公是一位做对冲基金的富人，因为在“9·11”期间做空了一些股票被媒体夸大，遭到了大众的一致声讨，每天都有很多愤怒的人在男主人公公司门外表示抗议。有一天下雨了，示威者没来得及回去，男主人公便叫了几辆奢华的轿车，结果原本义愤填膺的人们，坐上轿车老老实实地回家了。

很多时候，金钱轻而易举地就能帮你搞定那些看似迫在眉睫的麻烦。所以，姑娘，你必须得有钱，这是你行走在俗世里，最坚不可摧的依靠。

因为生孩子身材走样了，我的很多衣服都不能穿了，本来想丢掉，可是一想到它们没破、没褪色、没起球，就舍不得，于是强迫自己套上紧紧巴巴的牛仔裤，穿上随时可能会爆扣的翻领小衬衫。直到有一天，被同事狠狠地数落了一番，我开始反省了，我有本事赚钱，有本事养家，我为什么要这么自虐？答案都源自一个童年的阴影——穷。

小时候只有逢年过节才能买新衣服，所以常常都是一件衣服洗得发白还要继续穿。其实那时起，少女天性里对漂亮衣服的渴望，就成为了促使我未来努力赚钱的动力。只不过，多年以后，有能力给自己添置新衣的我，却忘记了曾经的渴望。于是，在重新记起之后，每个月我都会给自己安排几天豪爽的购物之旅。

“这两条裙子都喜欢，好纠结”“这两个颜色都好看，好难选”……这种情况从来不会发生在我身上，只要自己喜欢，照单全收。

看着一衣柜整齐罗列的“战袍”，我内心充满了极大的满足感，我知道，这才是女人最开心的一刻：用自己的钱，添一柜新衣。

我母亲有个朋友，下岗之后在家赋闲多年没有收入。一次逛街看中了一个包，800 元，在百般纠结下终于买了下来。当天晚上，她的丈夫看到了购物小票，立马翻脸，大发雷霆。原因有二：一只800元的包说买就买，也没回家商量下；作为一个家庭妇女，也没什么必须要用的场合，200元的包足矣，实在不该如此挥霍。

女人哭了很久，第二天去商场把包退掉了。

所以，我说，女人要有给予自己物质的能力，这并不止于肆意的买买买，更重要的是它能给你带来尊严和自由。

看着老迈的父母，住在老家的瓦房，冬天进屋烧煤，夏天去井边打水，你忍心吗？你跟丈夫商量想给父母买个小房子，你用他的钱他愿意吗？你的公公婆婆愿意吗？

看着别的女人到处旅游到处晒风景，你羡慕吗？你跟丈夫说你也要去玩，他怒斥道："谁看孩子？不能赚钱竟想着花钱！"你准备怎么反驳？遭遇七年之痒，丈夫出轨了，你想离婚，可离了你不知道住哪儿，你没房也没钱，你的退路又在哪儿？

因为没有钱，即使是微乎其微的争执、轻如鸿毛的问题，都能毁掉一个女人。

姑娘，30岁之后的你就会明白了，你我都是凡夫俗子，人生中百分之九十九的烦恼，都能依靠钱来解决，而你一直追逐的安全感，也只有你自己能给。

你富可敌国的时候，我能说"我爱你"；你穷困潦倒的时候，我敢说“我养你”，这才是一个有本事、有魅力的女人的画风。

当然，关于梦想，关于初心，关于情怀，我不是不提倡，我只是想让大家多听听资本的声音，那声音里有生命的志趣，有人生的肆意，有活着的尊严。

其实，在这俗世里，谁又不是生意人呢？

姑娘，你必须得有套房子

我们要的是生活，不是苟活。姑娘，安稳的人生是你首先给自己奋斗出一套房子，然后再让你的那个他，为你们奋斗出一个家。

有车有房，这本来是男人们的奋斗目标，但是时过境迁，如今越来越多的女人同样把它视为自己的事业目标，而且是来势汹汹，大有巾帼不让须眉之气。

是的，每个女人都应该拥有一套属于自己的房子，这样至少你能拥有它70年的所有权，而一个男人你能保证拥有他的心70年吗?

现在的女人大都缺乏安全感，其实这与是否拥有一套房子有着莫大的关系。要知道女人对于房子的安全感和对男人的情感依附是不同的。不管是租房子，还是与男人结婚后共同拥有的房子，都很难让女人找到踏实的感觉。

而女人拥有了一套属于自己的房子，就不一样了。至少在跟男人吵架的时候，男人说出“给我滚”之类的话后，我们仍有个去处，否则除了流落街头和被你的“闺密”看笑话，你以为会有更好的结果吗？千万别妄想着男人会出来追你，这样只会证明他的冷漠和你的愚蠢。

此外，如果有了自己的房子，到周末的时候，我们还可以和闺密们小聚一番，随意八卦乱侃，不用像在家里时那样在意男人的感受。

在男人、女人、房子这三者中，女人的贬值速度是最快的，男人则相对要慢一些，而房子是不动产，是保值的东西。在这个现实主义色彩浓重的年代，处于劣势地位的女人，比男人更需要一套房子来让自己安心。

不过，如果一个女人指望着钓个金龟婿来解决房子的问题，那大可不必。因为感情好时什么都不必分，但感情不好的时候，不管这个男人身家有多贵重，都会与女人算起经济账，都会夺走他曾给予你的一切。别以为你为家里付出了多少、为男人生下了孩子就可以安安稳稳地在房子里落脚，真到分崩离析的时候，没有人会顾念你的付出的。很多时候，看似不尽人情的顾虑，却又实实在在反映了人性的复杂与多变。

有部电影，片名已经记不得了，只记得有一个这样的情节：一位非常普通的中年妇女，由于无法忍受丈夫的出轨而离婚，但因为经济上无法独立，加上身边又带着个孩子，被迫屡屡搬迁。先是从原来前夫名下的“家”搬到娘家的小阁楼，再婚后又搬到了筒子楼，后来又因故再搬回娘家……最后几经周折，终于在远离闹市的地方买下了一间虽破烂不堪却看得见风景的房子。

这样的无奈与悲哀，在现实生活中并不少见。所以女人无论怎样艰难，都必须努力为自己的房子而奋斗，只有这样你才可以用一种平等的方式去正视男人与婚姻，当你有了属于你自己的空间以后，你心中对情感与婚姻的落差值就会小很多。

当然我们并不是说房子对女人真的是非买不可，但是女人有了房子之后的内心感受是不一样的。起码你有了自己的空间，有了更多扭转坏局面的机会，男人在离开你的时候，付出的代价也会更多。如果你依靠他而活，那么就算他做了对不起你的事，你也得忍受。往更糟糕上说，如果他有一天厌倦你了，把你扫地出门，那你的结果又会是什么样子呢？而当一个女人拥有属于自己的房子以后，无论结婚还是离婚，她都有个栖身之所，这是非常现实的问题。女人在年轻的时候一定要好好奋斗，为自己攒下一套房子，这也是对年华的负责与给未来生活的一种保障。因为房子永远不会背叛你，永远都会等着你归来，而男人却说不准。

房子不仅承载着女人的梦想，也让女人结束了漂泊。在这个温暖的港湾里，女人可以尽情释放泪水和寂寞。有人说房子的主角注定是女人，因为没人比女人更懂房子。这话一点儿没错。

有些女人，不光自己没房子，连自己的男人也没房子。

我有个朋友，人生得白净漂亮，她和男友共同在北京打拼，两个人每个月的收入除了交房租和吃饭，基本所剩无几。前几天她和男友分手了。她哭着说，她29岁了，得结婚了，可是男友家是县城的，在老家买房子都困难更何况是北京。而且男友也不打算回老家，也不准备换工作，想想快30岁的人了，每年都要搬家，每次到交房租时都头疼，真的看不到未来。

曾经的美好，在现实面前显得格外寒碜。

我是看着他们一路省吃俭用地走过来的，但眼看着昔日的少女日渐衰老憔悴，再少根筋的人也该明白，这个男人对人生根本不负责，爱情不可能当一辈子的麻醉剂。

穷真的不是错，但是不努力就一定错了。如果你真的爱他爱到死去活来，你有能力买得起房子，你们还有在一起的可能。可是如果你做不到，姑娘，你是想两个人一起住天桥喝西北风吗？

别提租房子，很多姑娘都这样，年轻的时候，因为爱情，所以不管再穷，都愿意跟男人一起奋斗。但如果做了母亲，却绝对不能忍受带着年幼的孩子过着颠沛流离的生活。

爱情，是一时的荷尔蒙，可人生不是。

我们要的是生活，不是苟活。姑娘，安稳的人生是你首先给自己奋斗出一套房子，然后再让你的那个他，为你们奋斗出一个家。

如何养成阅读财经信息的习惯

用一只香奈儿的钱上一堂昂贵的财经课程吧；让橱窗里的芬迪多等待一些日子，拿着你的预算去买一个入门级的理财产品吧；少买一条裙子多买一些财经杂志和理财书籍吧，顺便再用下午茶的时间去参加一些有意义的行业峰会……

我从不主张女人把所有的精力和时间，都投入到爱情和家庭中去，因为这样的女人只会沦为我们口中记不清名字的张太、李太和王太。

或许爱情和家庭，能让你得到看似安稳的生活，但只有能力与独立才能让你收获尊严。所以女人最值得投资的永远不是一段看似坚不可摧、实则朝不保夕的感情，而是绝不会背叛与离弃的自己。

只有不断地投资自己，提升自己，你才能在这个瞬息万变的社会里，屹立不倒。

在这个时代里，女人不管在工作、人生还是财务上，都面临着种种考验。尤其是财务上，客观环境已经对女性的独立要求越来越高，而独立的基础就是经济。经济自主不仅可以让女人们不再攀附男人，还可以让她们大方地定义自己的幸福。因此，用知识来生财也是现代“薪”女性必备的功课之一。

在很多女人的印象中，财经信息就是一本复杂、枯燥的“天书”，里面充满了常人怎么也琢磨不懂的经济理论，所以她们一接触这方面的新闻或书籍就“望而却步”。其实财经信息并没有那么乏味难懂，只要简单地了解下相关的经济学常识，阅读起财经信息来还是比较容易的。

而在了解了相关的常识之后，我们要弄明白的就是，最近金融市场上又出现了哪些新产品？这些产品有什么优势？什么样的公司运作情况比较好，股票能上涨？什么样的企业正在兴起？这些相关的内容，在财经报纸上都会有登载。为了早日实现经济独立，你一定要养成阅读财经报纸的习惯。

如果你能每天少看一集电视剧，把节省下来的时间用来阅读财经信息，那么时间一长，你的知识储备和理财能力一定会令人刮目相看，至少别人会觉得你是个智慧型的女人，不是那些每天只知道泡沫剧和名牌的肤浅女人。或许刚开始的时候，枯燥难懂的复杂关系会让你头疼，密密麻麻的数字也会让你产生压迫感，但毅力是让你成功走上财务自由道路的秘密武器。

其实，看财经报纸最好是利用坐地铁或是搭公交车的时间。当然，上下班的时候坐地铁的人会有很多，你可能会想："这里拥挤得连呼吸都艰难，怎么看报纸?"可是只要比平常早出门20分钟，不仅可以有座位舒服地看报纸，还可以避免交通堵塞。

或许刚翻开报纸的时候，你不知道从什么地方开始看，不知道它在说些什么，一点兴趣都没有，这都是很正常的。此时，不妨幻想自己已经是一位非常有能力的女强人，或是旁边正有人在偷偷欣赏着自己，这样愉快地努力着，只要坚持一周，你就会感觉到，其实"财经"这个东西离你并不遥远。如果这样坚持一年、两年、三年，你也能变成理财高手了。

或许有人会觉得，只要把电脑打开，五花八门的信息就会呈现出来，那为什么非得买报纸看呢？有必要吗？其实这就跟在家里看电视和去影院看电影一样，感觉是不同的。报纸是花钱买来的，因为花了钱，所以人们自然会想着要从中"汲取"价值，另外，报纸上的资讯比起网上来得更为直观，会让人有一种"吸收"资讯的感觉，打开报纸的一瞬间，就是大脑开始接收信息的时候，那种心情和上网是不一样的。

可以假想自己是董事长的秘书吧，告诉自己每天必须要把各类财经报纸的重要信息标出来，拿给董事长看。你还可以准备一个小笔记本，把重要的事情记录下来，或是把有用的东西剪下来，做成剪报。可能第一次做会觉得很头疼，但只要日复一日坚持下来的话，你慢慢地就能判断出什么是重要新闻，什么是无用信息了。

总的来说，报纸和网络新闻各有自己的长处。报纸不仅去哪都可以看，还能一眼把所有的内容都看完，又能快速地读到重要的内容，这就是报纸的长处。可是比起网络新闻，早报和晚报出来的时间都比较晚，这也是它的短处，还有就是要收费。

跟报纸相比，网络新闻不仅不用收费，而且还可以随时能得到最新的情报。可是，就是因为更新速度过快，所以有时难以保证信息真实性。最好的办法就是在阅读报纸的同时，找到几个正规的财经网站，去阅读那些报纸还没来得及更新的信息资讯。

一个女人的美丽，绝不仅限于外貌上，只有同时具备财富与智慧才是优雅的、高贵的。她能运用智慧为自己创造财富，不依赖于任何人。女人在忙于自己的工作、家庭之外，还要收集各类的财经信息，随时更新自己的理财常识，对自己的投资项目一定要付出时间、勤做功课，抓住经济变化的风向与脉动，才不会让投资理财只在原地打转。

所以，用一只香奈儿的钱上一堂昂贵的财经课程吧；让橱窗里的芬迪多等待一些日子，拿着你的预算去买一个入门级的理财产品吧；少买一条裙子多买一些财经杂志和理财书籍吧，顺便再用下午茶的时间去参加一些有意义的行业峰会……坚持一段日子，你就会发现你整个人的格局都变了，你离实现自己的财富梦想也更近了。

最可靠的不是男人，是保单

当意外发生在别人身上的时候，或许我们会当成一个故事在背后议论。但如果发生在自己身上，那就是一场灾难，而如果我们又没有为意外做好准备的话，那么灾难就会演变成一种毁灭。

《安非他命》里有句很经典的台词："女人似贷款，签一次就要还一辈子。男人像保险单，供下去保单会增值，到时候会自动涨利息，供满。"没人喜欢贷款，没人喜欢月月还钱，所以，女人千万别把自己搞得像贷款一样，何况贷款还有还完的那一天，而你这样的一"靠"，就靠了一辈子，不管这个男人有多爱你，都难保不会有觉得疲累的那一天。

我有个朋友，是一个有学历、有姿色的女人，嫁给了一家公司的老板。婚后，她在丈夫公司任职做会计，后来和丈夫的经营理念发生了矛盾，就干脆回家带孩子了。回家后，婆婆觉得儿媳什么都靠儿子，白吃白喝，便更加看儿媳不顺眼，最后，我的朋友被两头夹击，终于被迫离了婚。

女人千万别有靠男人的想法，男人靠不住。想想看，职场“终生雇用”的观念都已不现实，更何况，并不算契约关系的婚姻呢？一旦婚姻破裂，金钱纠纷很容易就会导致男女双方恶语相向，而受害的一方，往往就是没有经济能力的女性。所以，你又何苦将一生的经济需求都放在一个人的身上呢？

那我们到底应该依靠什么呢？答案就是保单。现在有很多家庭主妇，只靠丈夫的薪水养家，自己虽然不工作，却做着比工作更累的家务。试想一下，如果丈夫的工作出现变数，或是情感上“节外生枝”，你要怎么办？或许你会说你存了私房钱，但在这里可以明确地告诉你，这些钱的归属在法律上是不成立的，它是你和丈夫的共同财产。当他一旦有债务而被追偿的时候，这些钱将会被拿走，那时你要如何面对养老的问题？但如果你用这些钱去买保险，即使你家的房产、汽车都被追偿，这张保单却是可以保留的。可见，与其把自己的未来系在婚姻的变量上，还不如打造一张“养老保单”来得更为可靠。

彰显女性魅力的地方不是厨房，不是卧室，而是女人自己的银行账户。当一个女人拥有了财富时，她的生命也会因此更具活力。而将这笔财富稳定且可靠地交给女人的途径就是保单。

那些手里一旦有了钱就胡乱浪费的女人，和那些奉行“今朝有酒今朝醉”的女人，常常都有着这样的认识——日子会永远像现在这样过下去。而事实却恰恰相反，明天和今天不一样，后天跟明天也不会一样！永远不要认为有些事情是理所当然的。世事无常，这看似是一个悲观的论调，但却是不容置疑的真理。

事如棋局，变幻莫测。昨天还是一无所有的贫者，一夜之间可能变身百万或千万富翁，而今日的富翁也有可能在瞬息之间变得身无分文，不但使自己失去了基本的生活保障，还使家中的父母失去了依靠。当意外发生在别人身上的时候，或许我们会当成一个故事在背后议论。但如果发生在自己身上，那就是一场灾难，而如果我们又没有为意外做好准备的话，那么灾难就会演变成一种毁灭。

在我们的一生当中，有大部分时间都可以创造财富，我们应该在资金比较充裕的情况下，给自己留足过冬的“粮食”，就像冬季来临前的动物们一样，只有储备了足够多的“粮食”，在“大雪封山”的日子里，我们才能够泰然处之，不急不躁。人生难免有冬天，我们必须为未来倒霉的日子做好应有的准备。

改变令你贫穷的思想

姑娘，请摒弃那些令你贫穷的思想，无所畏惧地去赚钱吧。金钱，才是可以让你体面活着的唯一捷径。

俞敏洪曾说过：“思想是人的翅膀，带着人飞向想去的地方。”的确如此，思想怎样，人生就怎样。你之所以走入困境，贫困潦倒，并不是老天在戏弄你，而是你脑袋里那些令你贫穷的思想在一步步引你入局。

我有个大学同学，叫悠悠，她很聪明，对文字非常敏感，也总能捕捉到热点的东西。我们的关系不错，毕业后我请她帮我写一篇采访稿，本以为老同学见面相谈甚欢，可没想到，她第一句话就是问我：“多少钱？”

我不动声色地笑了笑，说：“放心，一定让你满意。”

她看出我有不悦之色，对我说了这样一句话：“我不是贪财，我只是为了让自己生活的更自在些，而且，一个姑娘凭本事赚钱，是这世上最体面的活法。”

是啊，体面地赚钱不是理所当然的事情吗？

很多时候，阻碍你通往财富之路的可能只是你的一个错误观念。一种根深蒂固的财富观往往会塑造一个人的生活方式，而令你贫穷的思想则会在无形中吞噬掉本该属于你的财富，所以，姑娘，是时候铲除那些令人着急的思想了。

那么，令你贫穷的思想主要有哪些呢？

第一，财富来自剥削他人。这种观念源自犹太基督教育，它可以看成是一种人们不愿付诸行动的托辞，或是让人们对追求财富的人产生负面看法的结论。这种观念也反映出一个人对财富的无知。

财富的聚敛不能简单地看成剥削，以股票投资为例，股市沉浮于各个投资者之间。当有一方买入股票时，他并不知晓卖方的真实身份，因此并未产生剥削对方的行为。一般来说，卖方都是在评估股价将要下跌的时候或是确定已经有足够获利的时候才会卖出股票。至于买方，他则会在认为股价即将攀升时才决定买入。双方抱持这样截然不同的理由，直至交易完成，其实没有一方受到剥削。

金钱能给你带来丰富的物质和精神享受，让你在尽情享受人生乐趣的同时，还带来一种有益身心的平静感。世上可能只有乌托邦主义者坚信金钱与幸福之间毫无关系。拥有金钱不能保证你生活得一定幸福，但没有金钱，你的生活一定会有所遗憾和缺失。

第二，金钱不会带来幸福。这几乎是世界上最荒谬的言论了，金钱有什么不好？它能使你富足、安稳地生活，它并不是魔鬼，也并不是万恶之源，它只是一种工具，它的好坏完全取决于使用它的方式。如果你懂得用金钱让父母晚年无忧，用金钱让爱人过上舒适的生活，用金钱让你的孩子享受最优秀的教育，那么金钱绝对是你生命中最不可或缺的朋友。

第三，致富需要花很多时间。这是一种典型的懒人财富观，其实除了某些个例之外，绝大多数人是无法在短期内迅速敛财暴富的。追求财富如同种树，只有留给树木抽芽成长的时间，它才能结出财富的果实。财富不可能自动滚进你的腰包，你必须拿出足够的时间主动追求财富。至于致富到底需要多长时间，请记住，致富不会比变穷花费更多的时间。

第四，只要有好工作就能致富。小的时候，父母经常对我们说“好好读书，将来才找得到好工作”等诸如此类的话，这也是大多数父母对孩子的叮咛与期盼。当然，每个月有稳定的薪水入账的确是个最令人安心的选择，但是这绝不是一条发家致富的道路。翻翻那些财经杂志或财经日报，凡是描述成功人物的报道，不会有一句提到他们是靠着每天规规矩矩上班而致富的。

当然，这里并不是说安分地工作就无法致富。虽然人们很难单靠一份死工资致富，但如果将你的工作和你的工作能力正确运用，发挥它们的优势，工作就是你的第一财富源泉。只要你能充分利用好工作和自身能力这两项重要资产，便可能走向致富之路。

人的一切结果都是受思想影响的。既然是思想影响了一切，我们就应该从思想入手，通过改变思想来提升我们的生活品质和财富水平。

姑娘，请摒弃那些令你贫穷的思想，无所畏惧地去赚钱吧。金钱，才是可以让你体面活着的唯一捷径。

Chapter 8

所谓成功，不过是戴上布满荆棘的王冠

每个姑娘，都该是条硬汉

一个姑娘，可以卑微到尘埃里，但却不能没有一副坚韧倔强、对抗命运的傲骨。我希望每个姑娘，都如铁骨铮铮的硬汉那般强大，因为强大，才是你的一切啊！

我在北京的时候，参加过一次行业峰会。当我自报家门之后，一个和我年纪相仿的姑娘问我："你认识 Abigale 吗？"

我说："认识。"

她一脸惊喜地望着我说："哦，好羡慕 Abigale。"

是啊，人人都羡慕 Abigale。

Abigale 是我们原来公司的高管，肤白貌美，智商爆表，丈夫是中英混血，在北京经营了一家薰衣草庄园，能在那么金贵的地方开园子，可见其身价高到任性。最难得的是，她的丈夫非常爱她，一年两次度假，节日里不管多忙都会陪她。每当我们还在熬夜写文案的时候，Abigale 早已行云流水般地完成了几个策划，在庄园里享受薰衣草的花香，或是品尝午夜的甜酒。人生如此，夫复何求？

其实，在 Abigale 的人生开挂之前我就认识她了。三年前，她还是一个小情小调的小女人，她的第一任丈夫是个非常出色的医生，经常加班。那时，她最大的乐趣就是装满一保温饭盒的虾仁炒百合去医院看他。他对食材很挑剔，冻过的不吃，不新鲜的不吃。于是，她总是细细地挑虾线，认真地甄选百合瓣，然后坐两个小时的地铁，再换乘一次公交去送饭。

她以为能遇上这样一个优秀的男人，已是上天给她的最大惊喜。可是，不久之后，真正的“惊喜”才到来——她的丈夫出轨了，在新婚仅半年之后，他就爱上了一个护士，过程龌龊，令人不齿。

她没哭没闹，安安静静地办妥了离婚手续，放弃了所有的财产。然后跟公司申请调离了北京，去台湾省做一个漫长的项目。

台湾省是一个不看过去只看未来的城市，能力不达标只会被羞辱般地退回总公司。后来，她对我说，她之所以那么努力不是前方有多辉煌，而是背后就是万丈深渊，她根本退无可退。

是啊，离婚之后，她什么都没拿，年纪不小，又经历过一次婚姻，好不容易争取到一个机会，她输不起。就这样，她开始没日没夜地学习、写文案，她基本把身上所有的钱都用来听讲座、上财经课，以及购买线装古籍。再一次见面，我以为她会累得萎靡不堪，可谁知，她像每个有故事的人一样，浑身散发出坚韧和智慧的光彩。

Abigale 就是在那个时候认识她现任丈夫的，这样一个既美丽又努力的女人，瞬间就抓住了他的心。

之后她的人生一帆风顺，终于成了人人羡慕的 Abigale。

我曾问过 Abigale："陷入谷底时，你都在想什么？"

她说："我没陷入过谷底，因为我没静止过，我只是在走上坡路而已。"

是啊，那样的一段路，既孤独又辛酸，没人在乎你深夜的痛哭，也没人在乎你辗转反侧熬了几个秋，更没人在乎你经历过什么。别人只是看结果，自己独撑过程，等你熬过去了，你也就不会再矫情，不愿再将伤疤示人。你越来越沉稳，越来越不想说，走得也越来越快，直到有一天，你走出了所有的阴霾。

人生如行路，一路风景，一路风雨，并不会因为你是个姑娘就春意盎然，风和雨小，所以与其埋怨，不如思变。

姑娘，很多时候不是成功来得慢，而是你努力得不够狠。在一切变好之前，我们总要经历一些磨炼，这段日子或许会很漫长，所以别着急，给"努力"一点时间。

在清晨迎接第一缕阳光的时候，请将手放在胸口上，认认真真地问自己几个问题：我在害怕什么？我在逃避什么？我的未来在哪儿？

只有直面你所恐惧的，你才能知道你在逃避什么，才能认清你的未来在哪儿。

你最陌生的其实是你自己。勇气与怯懦，光明与阴暗，执着与逃避，全部都存在于你的内心深处。有的时候，它们的比重或许仅仅相差1%，可正是这1%，却决定了你未来选择的路。

小时候摔倒了，总要看看周围有没有大人，有就哭，没有就爬起来。长大后，遇到了难过的事，也会看看周围有没有人，有就爬起来，没有再哭。

成长，本来就是一条不能回头的路。

电影《爱丽丝漫游仙境》里，红桃皇后说过这样一句话："你要全力奔跑，才能留在原地。"其实我知道，每个在奋斗道路上的姑娘，都遭遇了怎样的风雨，那些百转千回的坎坷足以让我们心底最柔软的地方坚硬起来。

无所畏惧的努力，定会成就撼动天下的气势。这股气势带给你的力量，可以叱咤风云，闯荡天下。一个姑娘，可以卑微到尘埃里，但却不能没有一副坚韧倔强、对抗命运的傲骨。我希望每个姑娘，都如铁骨铮铮的硬汉那般强大，因为强大，才是你的一切啊！

周星驰的《喜剧之王》，你看懂了吗

大家都要不停地奔跑，在这个过程中，你会被绊倒，被推撞，被踩上几脚，但你必须迅速调整好自己，可即便这样，也只能保证你不被出局，而不是领跑。

什么是人生？人生就是一场注定好笑的悲剧，我们要做的就是让自己柔中带刚，强大坚韧，如若不然，只会被时代淘汰。

十年前的一个晚上，我和室友挤在一台笔记本面前，认认真真地看完了周星驰的《喜剧之王》。整个过程都嘻嘻哈哈地大笑，但结尾的时候我俩再也笑不出来了，似乎每个人的心里都被悲伤捅了个窟窿，再多的笑点也无法填满。

这样一部《喜剧之王》，扒开无厘头的外衣，还原出来的其实是一场悲剧。

从风流倜傥的唐伯虎力战群雄，到穿越时空的至尊宝腾云驾雾，再到亦正亦邪的包龙星舌辩公堂，最后看到贫贱卑微的尹天仇恢复凡人本色喊着“努力！奋斗!”而这部影片的主人公却没能咸鱼翻身，我们心底的那处柔软似乎被猛然一击，击回了现实。或许这也是这部电影票房惨淡的原因，因为每个人都不想看到现实的残酷真相，人们需要的或许只是生活中没有的快感。

这是一部周星驰的奋斗史，这又何尝不是你我的奋斗史。故事里的小人物，有着自己的坚持。他可以落魄潦倒，可以时运不济，可以倒霉透顶，但绝不可以被打败，即便刀架在脖子上也无所畏惧。

为什么我要谈这部电影？因为我想告诉每个姑娘，伤害与重击是每个人都必须要面对的。你没理由在力所能及的时候苟且偷安，更没理由在本该奋斗的时候萎靡彷徨、一蹶不振。哪怕现实将你伤得体无完肤，你也要有自己的坚持与信仰。你要知道在人生这条路上，你只有千百次地跪下去，才能千百次地站起来。成长注定要与残忍和孤独为伴，所以，告别曾经的柔软与懦弱吧，努力让自己坚强起来。

从来就没有什么人生赢家，有的只是各种坚持、各种惨痛的教训与失败。那些看似无来由的成功背后隐藏着的其实是多年的坚守，最终厚积薄发。姑娘，请相信我，就算有从天而降的好运，那也不会落到你身上，除非你有上一代的努力成果可以享受挥霍。

我并不喜欢听“只要努力，就会成功”这类的话。因为人生多变，本不容易，很多时候我们精疲力竭，牺牲所有，泪水涟涟却依然没能成功。所以我们要做的就是从童话故事和长篇累牍的心灵鸡汤中醒过来，勇敢地面对没有被修饰过的现实世界，心中始终藏着那份小人物的坚持，努力拼博就够了。

我的朋友徐小姐，是一家保险公司的内勤，不到三十岁就被总公司调到分公司带团队。因为年轻，面对有着多年从业经验的业务员们，她根本毫无威信，排挤与诽谤是常有的事。直到一天早会，她下达了一个通知：每个业务员必须每人买一款5000 元以上的手机，否则就离职。

虽然怨声载道，但大家还是买了。

这天开会，她穿了一身精致得体的阿玛尼套装，踩着细跟小牛皮鞋，出现在会议室，淡定地对大家说：“你们觉得5000 元的手机贵吗？我这身套装是2 万元的，昨天刚买的，我没有积蓄，这2 万元是下个月要交的房租。我之所以这样做，是想告诉大家，钱只不过是个数字，你们只要按我说的做，这一个月我带你们都赚回来！赚不回来，我收拾行李走人。”下面的人愣了一下，几秒后纷纷鼓起掌来。

就这样，出于对她的信服，大家干劲十足地奋斗了一个月，果真所有的钱都赚回来了，她的领导力从此也不容动摇了。

当我对她的勇气钦佩不已的时候，她对我说，这就是职场，激烈抢位，钩心斗角，人人自危，大家都要不停地奔跑，在这个过程中，你会被绊倒，被推撞，被踩上几脚，但你必须迅速调整好自己，可即便这样，也只能保证你不被出局，而不是领跑。

在生命的跑道上，每个人都会摔跤，区别只是摔得轻与重。每个人都会受到重创，不同的也仅在于你有没有本事自愈。即便你是个小人物，也要有小人物的执着与勇气。所以姑娘，拍拍身上的尘土，站起来和过去的自己和解，和前路的阻碍对决，这才是你应该做的。

《喜剧之王》只是讲述了一个小人物的辛酸生活，它之所以打动人心，其实是因为它歇斯底里的搞笑背后，隐藏着某些人生的悲伤。那些悲伤来得如此真切，真切得让人有些措手不及。或许人生本身就是一场悲剧吧，拿来旁观却变成了一场喜剧，只不过我们身在其中看不清全局。

然而，这就是生活，痛并快乐着，我们必须要承受这世界带给我们的所有重击，然后无所畏惧地拼搏。

你要栽的跟头，半个都不能少

那些难熬的时光，终有一日会成为钻石上的横切面，它们虽然承受了反复切割的疼痛，但却让人看到了最迷人的璀璨。

前阵子看了一部电影《蓝色茉莉》，感触颇多。

作为全片的绝对主角，茉莉是一个自小被收养，很清楚自己想要什么并最终跻身上流社会成为虚荣且势利的女人。

茉莉的丈夫哈尔是曼哈顿的商业名流，她每天的生活从下午茶开始，之后就是去买最贵的衣服和包包，以及参加各种纸醉金迷的聚会。

茉莉跟其他贵妇的口头禅就是，我的先生总是喜欢给我制造惊喜，他太喜欢送我各种珠宝了。直到有一天，她怀疑丈夫对自己不忠向闺密倾诉时，却得到了“所有人都知道，只有你一个人不知道而已”的答案，那一刻，她的骄傲被玷污，她的优雅被践踏，她的自尊被玩弄。最终，她亲手摧毁了自己通过捷径得来的一切。

是的，她的丈夫爱上了一个法国帮佣，在愤怒中她拿起了电话向联邦调查局揭发了自己的丈夫是个金融诈骗犯的事实。可她没想到二人会就此破产，并欠下大量债务。茉莉在哈佛读书的继子离家出走，丈夫在狱中自杀。

生活拮据的茉莉只能投靠同样拮据的妹妹。妹妹住在一个偏僻的街区，那里充斥着劣质的香烟、廉价的酒水、妇女们粗鲁的叫骂声……这一切都在时刻提醒她，她已经被上流社会抛弃了。

她每一天都沉浸在过去的华丽与现实对她的嘲讽里，直到有一天，她遇到一个富贵的单身汉，她试图再走一次捷径，让自己回到过去奢侈的生活里。于是，她撒谎说自己是室内设计师，丈夫是个外科医生，因为心脏病去世，没有孩子。

很快，富贵的单身汉爱上了优雅迷人的茉莉，并开始筹备婚礼。可令她措手不及的是，谎言终被戳穿，未婚夫弃她而去。

最后，继子和妹妹都对她充满了厌恶，她绝望地怀念着过去的贵妇生活，并自言自语地重复着："我好怀念我在巴黎街上买的那一条 Dior 高定裙，可现实却是我坐在这里。我一无所有。”

人们无法想象这样一个落魄潦倒的女人，一年前有着怎样光彩照人的美，享受过怎样浮华奢靡的生活。

其实，结局女主本来可以逆转，如果她一边瞒着未婚夫，一边努力考取资格证书，那么我相信未婚夫会为她感动的，她也能够获得自己的幸福。

可导演偏偏就打碎了这个美梦，他撕开华丽的外衣，扼杀所有的希望，揭露了一个残忍、真实的世界给我们看。他精准地描绘了一个跻身上流社会的女人从巅峰跌落的全貌。于是，茉莉的故事就这样悲惨地结束了。

我们每个人都向往富足的生活，都追逐那耀眼的光芒，只不过我们有时更惧怕过程的艰辛、重击与跌倒的疼痛。

其实，在追逐梦想与成功的过程中，你要栽的跟头，半个都不能少。捷径固然好走，但若真的稳妥，人们又怎么会为生活中那么多的“茉莉”唏嘘。

我的大学同学 Demi，是个异常坚韧的姑娘，她这一路走来始终在与金钱、与自己作斗争。

在她很小的时候父母就离异了，她跟着父亲和继母一起生活，继母其实对她也还可以，只不过在金钱方面吝啬了一些。因为不想看到他们吵架，Demi 很少要零用钱。

上大学之后，最艰难的时候就是月底跟父亲要生活费。有一次，她给父亲打电话，刚说了两句，就听到继母在旁边问了句：怎么这个时候打电话？

一句无心的话，让她难过了好一阵子。

毕业后，她一直拼命地努力，只为生存下去，只为在这个冷漠的城市里，让自己有个安身立足之地。

奋斗的日子并不容易，那些凄风楚雨，那些诋毁伤害，那些背叛离弃，都让人明白这世上并不存在“感同身受”这四个字，你的疼痛，只能你自己扛。

多少个夜晚，她默默地躲在被子里痛哭，与她同一节奏的还有隔壁的新生儿。是啊，哭泣这个事从来都不只是孩子的权利。

其实，她也有机会不必辛苦就能拿到那些沾着戏谑味道的金钱，那些在生命中游戏胡闹的男人，他们佯装浪漫，从众多姑娘的青春里走来，以不以为意的金钱为资本，可那些钱，却足以让一个穷惯了的女孩低下头。

她也动摇过，可最终还是放弃了。她告诉我，很多东西可以被玷污，但情操、信仰不行。

生活本身就是一种煎熬，那些栽倒的跟头，那些流下的眼泪，才是生活的常态。可你要知道那些难熬的时光，终有一日会成为钻石上的横切面，它们虽然承受了反复切割的疼痛，但却让人看到了最迷人的璀璨。

姑娘，走下去也就熬过来了，别试图走捷径，你要栽的跟头，半个都不能少。

那些煎熬的日子，如何过

这个世界上，没有无辜的人，没有纯粹的人，在卑微、失败和欺骗里，每个人都有伤。每个角落里都有人与你一样，在独自承受，在慢慢煎熬。

贾宝玉说，姑娘家都是水做的。大部分是这样的，哭起来没完没了。

贾宝玉说，男人都是泥做的。大部分也是这样的，灰头土脸起来让人叹服。

而我今天要说的是第三个物种，水泥做的。

那是我的一个朋友，可以说那是一个忘年交，一个铁骨铮铮的姑娘。好吧，我承认我写过很多坚韧的女人，在路过她们风雨兼程的人生后，我以为那些就是女人最好的样子，直到 Gloria 从冰天雪地中走来，我才知道原来切肤之痛是真的可以笑着说出来的。

原来，那才是一个人最好的样子，最强悍的样子。

一次酒后，Gloria 问我：“你有生以来见到的第一个疯子是谁?”不等我答，她自语道：“我见到的第一个疯子是我妈。”

在以后的多少年里，我都记得她那张并无痛感却满脸凄凉的脸。

Gloria 的妈妈原本是个很优雅的女人，喝咖啡，跳交际舞，是那个时代标准的名媛。不幸的是，她后来陷入了大趋势的不幸，进了劳改农场。那里关押了很多犯人，虽然那些犯人的罪行，在今天来看简直不值一提。

一个住洋楼看俄国小说听唱片的小姐，就这样搬进了没有瓦片的土坯房子里，和一群五大三粗的男人们挑水和泥，砍柴割麦。他们就像一群忙忙碌碌的黑蚂蚁一样，连对自由的欲望都不敢有。

可是 Gloria 的妈妈不一样，她必须要逃出去，因为外面有她的丈夫，他还在等她。

就这样她开始了自己的逃跑生涯，上帝没有眷顾她和她的时代，她逃了七次，被抓住了七次，每一次都被打得鲜血淋漓，两条腿在化脓溃烂之后，彻底烂掉了。比肉体的伤害更为狰狞的是内心，是的，她疯了，疯在了时代造就的悲剧里。

在以后的很多年，她都活在自己的世界里，喊着丈夫的名字，时而哭，时而笑。

一个疯掉的漂亮女人，在那样的环境里其结果可想而知。在她39岁那年，Gloria出生了，父亲不详。

没多久，Gloria的母亲就死了，或许，这是一件好事，虽然悲剧仍在延续。

同样悲惨的人们却没有同样的同情心，Gloria在嘲讽辱骂耻笑中长大，长大后的第一件事，就是完成母亲未完成的事业——逃离。

后来，她几经辗转找到了母亲的家人，他们动用了所有的关系和金钱把她弄到了国外，只是希望她能忘记自己痛苦的出身。

为了生存下去，她几乎所有的时间都在打工，在油腻的中餐馆里，她洗碗洗到手指脱皮溃烂。为了和黑工抢一份保姆的工作，她把工资降得离谱，结果晚上被一群黑人揍得鼻青脸肿。一次在超市里推销巧克力，在站了一天之后，领班却以英文蹩脚为由拒绝支付酬劳，所以，那一天她的晚餐就是满满四大杯救济站免费发放的咖啡，以至于在未来的几年里她都不再想喝咖啡了。

有一次，她在面包店里拖地，不小心把水桶推倒了，脏水洒到了一个老妇人的脚上，那个神经质的老妇人立刻大喊大叫起来，“You know how much this pair of shoes!”（“你知道这双鞋有多贵吗！”）

Gloria 边道歉边准备俯下身子擦鞋，却被店长拦住了。善良的店长替她解了围，并对她说：

“When you were 20 years old，rub it in here. I don’t look down on you at all. But you are still in this three years later，I will really look down on you！”

“你 20 岁时在这里擦地我一点都不会看不起你，但如果你三年后还在这儿，我就真的看不起你了。”

那一刻，她似乎看到了微弱的希望，那是她第一次对美好的生活有希冀。

此后，她开始和各种各样的人沟通，以提升自己的英语水平。尽管在餐馆里被呼来喝去，她也尽量放平心态去听经理的每一个订货电话、每一次对顾客热情的推销，以及处理的每一件客户的投诉。

因为没有钱交学费，她总是去大学的课堂里旁听，当一个学期结束后，教授从讲台上走下来，对角落里的她说：

“My child，you are the only one who did not escape the class.”

“孩子，你是我唯一没有逃过课的学生。”

在那之后，教授帮她补了学籍，确保她可以像所有学生一样选择自己喜欢的课程，并参加考试。

是的，她真的看到上帝了，虽然它没有拯救她的母亲，但是它拯救了她。

几十个人的班级授课，只有她一个华人，听着老师字正腔圆的伦敦腔分外吃力。每天晚上放学，她都要穿过一条随时会被骚扰的有妓女站街的漫长道路，然后跳到公交车上边吃干巴巴的面包，边看那些理解不了的单词，奔赴着去打下一份工。

这就是 Gloria，一个在残忍中拼命挣扎、凶猛生长的女人。此时此刻，她坐在我面前，精致的头发与妆容，穿着得体的套裙，极细的高跟鞋让这位已经踏入中年的成功女人，显得十分优雅华丽，我甚至嗅不到她前半生一点悲惨的味道。

人生能找到无数个让你崩溃的理由，所谓的光辉岁月，并不是后来那些闪耀的日子，而是上帝把你踩在脚底下，你对生活的坚持与执着。

这个世界上，没有无辜的人，没有纯粹的人，在卑微、失败和欺骗里，每个人都有伤。每个角落里都有人与你一样，在独自承受，在慢慢煎熬。

所以，姑娘，别在办公室里痛哭了，也别为了爱情的失意就寻死觅活，更别为了出身的差距怨天尤人，你要知道生活本就如此，每个人都在痛苦跋涉。

后来 Gloria 告诉我，其实她母亲的丈夫，在他们分开后没多久就再婚了，他似乎轻易地就忘记了那个被关起来的女人。

以至于她当年在这个世界上最大的期许就是先活下来，因为只有活下来，才有机会撕裂往昔生活对母亲和自己的嘲弄。可是这些年过去了，她已经不再记恨，或许是她已经强大到可以容纳那些血腥的过往，现在只是希望这场悲剧能以圆满收尾。

写到这儿，我突然想起了《少年派的奇幻漂流》，当年没看懂的电影，如今终于明白了。人生和自我都不是用来战胜的，而是用来相处的。

亲爱的，所有好的日子和坏的日子都在未来与我们有约，日子还长，我们不慌，也不怕。

都市清冷，此行珍重

在这个凉薄的世界里，我们能经营的只有自己。

在北京那些年，我参加过不少酒会。在那些灯红酒绿的地方，唯一不缺的就是美女，老徐就是我在那儿认识的。当时，她穿着最新款的范思哲深V礼服，搭配着细节处珠宝的光辉，举手投足间尽是诱惑与贵气。让做了许久家庭主妇的我，羡慕不已。

此后，我们熟悉了，我发现她的酒量和她的身材一样，都是一级棒，只不过头脑过于简单了些，情商和智商都属于中下偏低，只知道追求享乐。白天在办公室打扮成白领的形象，晚上红、黄、蓝、绿全往身上招呼，俗不可耐。不过和这样的人在一起也没什么不好的，起码很好玩。

一年前，她突然摆脱了声色犬马的单身生活，和一个固定的性伴侣欢天喜地地投入到热烈的婚姻生活中去了。从此洗手作羹汤，不再胡作非为，认认真真地当起了家庭主妇。

那个时候我才发现，原来自己一直低估了爱情的力量。能让这样一个疯魔又好看的姑娘，守着柴米油盐过日子，这男人必然优秀得很。

一个周末，她邀请我去她的新家做客。想着是她婚后第一次去，我特意带了束鲜花。

按了门铃，她热情地把我迎了进去，接过我手中的鲜花，找来一个白瓷花瓶装好。

这时，她丈夫恰好从书房出来。那确实是个十分英俊的男人，高高瘦瘦的，长得眉眼清秀，只不过骨子里透出了一份凉薄。

自始至终，他都没正眼看过我一下，只是问了老徐一句："饭做好了吗?"老徐娇羞地说了句："快了，这是……"还没等她介绍我，就听"砰"的一声，他又转身进了书房。

她有点尴尬地对我笑了笑："不好意思呀……"

"没事，他正忙着呢，来，我帮你做饭。"

一个小时后，白灼菜心、凉拌竹笋、榴莲炖鸡、冬瓜虾仁汤，都端上了饭桌。

老徐美滋滋地去书房叫她男人吃饭。

男人出来了，看到桌子上的菜有点不可置信，最后生气地吼道："为什么有榴莲炖鸡！马上端走！"

这时老徐也火了："为什么不能有？你不吃，我们还吃呢。你这一上午都在做什么？我朋友来了你连个招呼都不打，人家辛辛苦苦帮我做饭，你就知道挑三拣四！"

男人这时更诧异了，问道："你在说什么？哪里来的朋友？"

我连忙按住老徐，安抚道："别怪他，别怪他，他看不到我，别伤了和气。"

这时男人又发飙了，嘟囔道："还有这个花，你好端端的买什么菊花！晦气。"

我叹了口气，伸出手来在男人眼前晃了晃，这回他看得到我了，想来应该看得很清楚，因为他眼睛睁得比嘴还大。

我礼貌性地微笑道："不好意思啊，来得匆忙，顺手从坟头拿的。是拿，不是偷，因为是我自己的坟。"

这时的老徐已经吓得快哭出来了，唉，总算闺密一场，也该让她明白。

我随手在她眼前画出了一盏走马灯。

灯光十分柔和，画面不停变换，最终定格下来。那是我和她身边的男人恋爱时的情景，画面那样美好，美好得似乎后面的那些狰狞与丑陋从没发生过一样。

是的，我和这个男人大学时就认识了。毕业后又顺理成章地走进了婚姻的殿堂，安心地做起了家庭主妇，直到婚后第三年，感到日子日渐平淡无趣的他告诉我他爱上了别人。

一直以来，我都把爱情当作信仰，尤其是婚后，因为没有出去工作，他更成了我生活的全部。所以，当爱情一旦分崩离析，既有的生活顷刻颠覆，人生也就遭到了致命的打击。

我开始不依不饶，直到最后一次，我跑到阳台上以死威胁，本想做最后一搏，没想到这一次，无法再忍受的他却把我推了下去……

执念太深，把自己困在精神的桎梏里，不敢给过去一个交代，不肯放自己一条生路。于是，自导自演了一场长情戏码，不仅没有换来爱人的眷顾，还把自己逼上了绝路。唉，早知道不做了。

二十层楼，我感觉到风从我身侧吹过，带走了我的不可置信，也带走了他的绝情。

在和冰凉的水泥地面接触的时候，我清楚地看到了浓烈鲜红的血液喷向蔚蓝的天空。

还有，死亡可真疼。

走马灯放完了，我的时间也不多了。

这时，男人突然笑了起来，说："你回来了啊，真好！"

随后坐在了餐桌旁，竟顾自夹起一块鸡肉，"还是原来的味道，很多年没吃过了。”

然后站起来，走到阳台边，回头对我说：“不管你信不信，我后悔了。”眼神依旧那么真诚，一如当年在学校时的样子，可我却再也爱不起来了，只想作呕。

他最终还是跳了下去，挺好，省得我麻烦了。

这次是十三楼，他后脑着地，仰面朝天，那样子比当年脸着地摔碎一地的我好看多了。

在一起时就对他好，死了还不跟他斤斤计较，我也算仁至义尽了。

突然想起上面还有一个需要解决的，做了那么多年的姐妹，连自己的男人也要抢。要不是我使了些手段，让她的记忆出现了些混乱，恐怕还看不到他们这个温馨的家呢。

她哭得歇斯底里，苦苦哀求我原谅她，亦如当年我苦苦哀求她时可笑的样子。

可她的脖子就在那儿，怎么办呢？我实在控制不住自己，她的脖子实在是太适合就这样掐下去了。

她惊恐地看着我，脸涨得通红，伸出手来试图拉我的手，我看到她的手穿过我的手直接按在自己的脖子上时的恐惧，不由扬了扬嘴角。

血红色在她的眼睛里一点一点弥漫开来，她沙哑地对我说：

“你对他还有爱，所以你没勇气看完走马灯……他本是想拉你，可脚下却踩到了阳台边的花瓶，哈，我爱死了那个瓷白的花瓶……你掉下去后，他也跳了，摔在了七楼的空调架上……没死成。”

我再也不想听她说下去了，手下一用力，终于安静了，她的舌头全吐了出来，拉得老长。

……

很久之后，身后传来一个声音：

“嗨，水泥地太凉了，要不你原谅我吧，咱俩去住一个坟头。好吗?”

“好的。”

原谅我在这本书收尾的时候，给大家写了一个鬼故事。

这个故事里有两个女人，都不幸福。老徐，火辣热情，第一眼是人间仙境，美轮美奂，相处久了，水落石出，荒芜的内心和浮夸的个性便暴露出来，所以，“男人”最终是注定要后悔的。

“我”，专注于家庭主妇的位置，重心全在男人身上，毫无城府野心，或许从前这类女人很容易幸福，但在这个刁钻的时代里，却不行了。

爱情就像一个天平，两边放着不同的筹码，如果哪一边你放的多了，天平自然会失衡，而这样的失衡，早晚会像大厦倾覆，轰然而下。

所以，女人终归要把自己交给自己，这样才会在不得不脱离婚姻时，拥有独立生活的勇气和能力。同时也该多读些书，以免让自己的谈吐和内心流于肤浅和苍白，要知道只有武装到灵魂的装扮才能真正赢得人心。

曾经可以为爱情放弃前途与事业，曾经为了爱情可以背弃最亲近的人。可是当爱情义无反顾地离去的时候，我们收获的却只有一堆废墟，除了那些让我们痛不欲生的幸福回忆之外，我们找不到一丁点儿有价值的东西。在这个凉薄的世界里，我们能经营的只有自己。

姑娘，都市清冷，此行珍重。

后 记

如果把这个时代里所有的年轻人按菱形来分布，那么大多数人都卡在了中间，过着平淡安稳的生活，羡慕着上面的那端，同情着下面的那端。这就是年轻人普遍的状态，不上不下，略显尴尬。

几年的大学生活，留给他们的除了简历上长长的实习经历，以及那纸非“211”、非“985”的毕业证，他们一无所有，只能随波逐流。于是，他们被迫世俗，被迫残忍，其实，他们还没到《老男孩》里的主角的年纪，他们还可以走得离理想更近一些。

突然想起了我在北京的那些年，以及那些和我一同在青春的道路上奋斗过的伙伴们。像我们这群人，算得上是这个城市里最坚强的一部分了。这其中的更多人类似于《北京爱情故事》里的石小猛，大学毕业后留京打拼，远离家乡、亲人，独自承受各种委屈与辛酸，这很真实，但也不够真实，因为现实生活中北漂们的生存环境和空间远比电视剧里呈现的要苛刻得多。

说那时的我们穷，不是因为我们买不起五环内的房子，而是连通州区的厕所都买不起；三个月的工资揣在口袋里，撑不起一点儿弧度；从来不买饮料，每天拿个矿泉水瓶在单位接一瓶纯净水回家，夏天的时候接两瓶；住的是隔板间，隔壁放个屁都能听得一清二楚；每天上班都是公交倒公交再倒地铁，不管天气怎样恶劣即便下刀子了也休想让我们打车；即使难过得要死了，第二天都要照常去上班，因为没人会在意你发生了什么……这就是成长，也是磨砺。所以这不是坏事，真正的“坏事”是在这个“乱花渐欲迷人眼”的社会里真的迷了眼，丧失了本性的纯粹，变得世故，虚伪狰狞，焦虑疲惫，最后活成一个千篇一律的人。

这样的人，最大的遗憾是臣服于世俗，等到行将就木的时候回首起前尘旧梦，难免会懊悔不已。

所以说，在青春的道路上即使碰得头破血流也要义无反顾去做一些傻傻的但窝心的事。现在的我，想去做这些事，却没了当年的热血沸腾、激情万丈，同时也少了那群当年陪我做傻事的人。

不听劝，瞎闹腾，享过福，遭过罪，使劲折腾，折腾累了，才发现自己走的那些弯路就是一个圈，于是，又回到了原地。可是，却从不后悔，也不埋怨，因为不兜这个圈儿，我可能永远都不知道“原地”在哪里。这就是我们当年走过的青春路。

荷马史诗《奥德赛》中有一句至理名言：“没有比漫无目的地徘徊更令人无法忍受的了。”青春时期的懒惰，会造成你未来五年的恐慌，十年的迷茫，甚至一辈子的平庸。所以，我要告诉每一个姑娘，折腾就对了，哪怕你在兜圈子，哪怕这个过程苦不堪言。因为你只有走了，才会知道路在哪儿。

姑娘，青春之后，就别再由着性子来了。你要知道在这个世界上，我们每个人都不可能完全按照自己的心意活。就像是在饭局上，你既要和相悦的人推杯，也要和讨厌的人换盏。一顿饭吃下去，你不仅感受了一颗真诚的心，还见识了一副虚伪的嘴脸。吃到最后，不知饥饱的你还要拖着疲惫的心灵，言不由衷地在席上热闹地说笑，这就是你承载世界的能力。在人生的这条路上，你承受的，即是你收获的。

我怀念曾经不屑于“处世之道”的真性情，也喜欢慢慢懂得更多生存规则的现在。每个阶段就应该有每个阶段要做的事儿。青春的事儿，虽疼痛却也美好。往后的事儿，继续努力摸索吧！